高等职业教育创新规划教材

计算机应用基础项目化教程

邵士媛　王　璨
李　袁　吴　琳　编著

科学技术文献出版社
SCIENTIFIC AND TECHNICAL DOCUMENTATION PRESS

中国科学技术出版社
CHINA SCIENCE AND TECHNOLOGY PRESS

图书在版编目（CIP）数据

计算机应用基础项目化教程 / 邵士媛等编著. —北京：科学技术文献出版社：中国科学技术出版社，2018.9

ISBN 978-7-5189-4813-0

Ⅰ.①计…　Ⅱ.①邵…　Ⅲ.①电子计算机—高等职业教育—教材　Ⅳ.①TP3

中国版本图书馆 CIP 数据核字（2018）第 216072 号

计算机应用基础项目化教程

策划编辑：李　蕊　责任编辑：丁坤善　罗德春　责任校对：文　浩　责任出版：张志平

出　版　者　科学技术文献出版社　中国科学技术出版社
地　　　址　北京市复兴路15号　邮编 100038
编　务　部　(010) 58882938，58882087（传真）
发　行　部　(010) 58882868，58882870（传真）
邮　购　部　(010) 58882873
官 方 网 址　www.stdp.com.cn
发　行　者　科学技术文献出版社发行　全国各地新华书店经销
印　刷　者　北京时尚印佳彩色印刷有限公司
版　　　次　2018 年 9 月第 1 版　2018 年 9 月第 1 次印刷
开　　　本　787×1092　1/16
字　　　数　243千
印　　　张　13
书　　　号　ISBN 978-7-5189-4813-0
定　　　价　45.00元

编者的话

计算机应用基础课程是高等职业教育课程中必修的一门公共课程，是学生从事各项工作的基础和工具。随着计算机技术的飞速发展，数字化进程的不断推进和移动终端设备的日益普及，计算机应用基础课程的教学内容和教学方式已发生了很大的变化。本书结合目前计算机及信息技术的发展，以及全国计算机等级考试 MS Office 最新考试大纲，编写了立体化的《计算机应用基础项目化教程》（Windows 7+ Office 2010）。

本书以项目为载体，以任务实施为主线，每项任务涵盖的知识点由浅入深，把工作环境和教学环境有机结合，内容丰富，注重应用，适应不同能力、不同兴趣学生的个性化学习需求，可以利用移动终端随时随地自主学习，是融媒体在教学中运用的教学改革成果的集中体现，也是作者近 10 年来计算机应用基础教学教改的经验总结。

本书特色

➢ 项目教学：采用以任务驱动的项目教学方式，将每个项目分解为多个任务，每个任务均包含"任务提出""任务分析""任务实施""任务总结""同步训练"几个部分，在项目的最后进行项目总结、项目实训和在线测试。

➢ 案例内容丰富：课程内容主要包括：Windows 7、网络应用、Office 2010、InDesign排版。在每个任务中都包含多个针对性、实用性强的功能操作，让学生在完成任务的过程中轻松掌握相关知识，从而让学生学以致用。

➢ 教学资源全面：语言精练，讲解简洁，图示丰富；实例选题实用恰当，同步训练丰富全面，项目训练综合性强，在线测试综合全面，微课演示操作难点和重点等。

➢ 信息化功能强：充分利用移动学习模式，随时随地自主学习。以培养学生分析问题、解决问题和自主创新能力为主，以配套的训练帮助学生高效地完成学习任务。

➢ 本书带"*"的任务为提升学习模块，供读者参考。

本书适用范围

本书可作为普通高等职业院校及各类计算机教育培训机构的专用教材，也可供广大初、中级计算机爱好者自学使用。

编写说明

本书由郑州铁路职业技术学院邵士媛、王璨、李袁、吴琳编写，其中，项目二、项目四的任务一和任务二、项目五的任务一由邵士媛编写，项目一、项目三的任务四、任务五由李袁编写，项目三的任务一、任务二和任务三由吴琳编写，项目四的任务三和任务四、项目五的任务二、项目六由王璨编写，全书由邵士媛负责审查统稿。

本书在编写过程中得到徐钢涛、付宗见、马国锋等专家和其他同行的支持和指导，在此表示衷心的感谢。由于时间仓促，书中难免有不足之处，敬请读者给予批评指正。

目　录

项目一 用 Windows 7 管理计算机

【项目描述】

Windows 7 是 Microsoft 公司开发的新一代操作系统，也是目前最流行的个人版操作系统。该系统在 Windows XP 和 Windows Vista 版本的基础上做了很大的改进，具有界面美观、操作稳定以及功能设计更为人性化等优点，使用户对计算机的操作更加简单和快捷，并为用户提供了一个更高效易操作的工作环境。

本项目包括 Windows 7 界面的基本操作和个性化桌面背景的设置；文件与文件夹的管理操作；磁盘的管理以及病毒防范的常识。如何管理好计算机是本项目的核心内容，也是使用计算机的最基础的部分。

【学习目标】

✧ 熟悉 Windows 7 桌面个性化设置，利用附件设置桌面背景。

✧ 掌握文件与文件夹的概念，并对文件及文件夹的进行管理。

✧ 了解磁盘的管理操作，优化系统性能。

任务一 设置桌面背景

在各种软件中，操作系统是最基础的软件，其他软件都运行于操作系统之上。也就是说，一台计算机必须首先安装操作系统，才能安装和使用其他软件。Windows 操作系统是大多数人使用的计算机操作系统。Windows 操作系统设计有全新的用户界面，为用户提供更直观的窗口操作、更快捷的日常操作方式、更多的实用小工具等。启动计算机进入 Windows 7 操作系统后，出现在屏幕上的整个画面就是 Windows 7 的桌面。Windows 7 系统中大部分操作都是通过桌面完成的。

任务提出

Windows 7 的一大创新就是拥有完美的透明界面：如果想让自己的计算机桌面更具个性化，可以添加自己喜爱的图片作为桌面背景。Windows 7 操作系统提供了多个实用的附件小程序，如计算器、画图程序、录音机、截图、便签等，用户可以很方便地使用它们完成相应的工作。

1. 制作图片文件

用"画图"程序制作双色汉字"节日快乐"图片，并保存该图片文件。

2. 设置桌面背景

选择自己制作的图片文件，制作个性化的桌面背景。设置个性化桌面背景——双色汉字效果如图 1-1 所示。

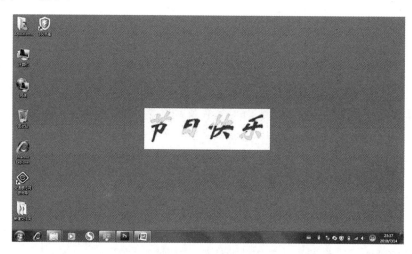

图 1-1　个性化桌面背景

任务分析

1. 制作图片文件

利用附件中的"画图"程序制作图片文件。"画图"是 Windows 7 自带的一个绘图和编辑工具，使用"画图"程序可以绘制简单图形，也可以对已有的图形文件进行简单的修改、添加文字等操作。它能以 BMP、JPG、GIF、PNG 等格式保存文件。

2. 设置桌面背景

在桌面空白处单击鼠标右键，在弹出的快捷菜单中选择"个性化"命令，打开"个性化"窗口，如图 1-2 所示。

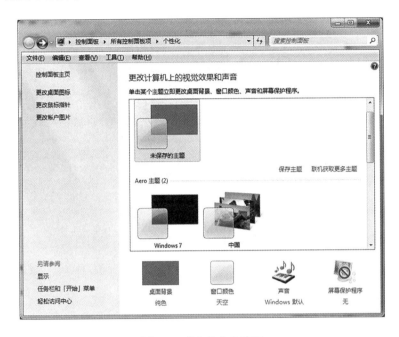

图 1-2　"个性化"窗口

在"个性化"窗口中，可以更改计算机屏幕的视觉效果和计算机的声音，即桌面背景、窗口颜色、声音和屏幕保护程序。主题是用于计算机个性化设置的图片、颜色、声音的组合。Windows 7 系统提供了多个主题，单击某个主题即可完成相应主题的设置。

任务实施

1. 制作图片文件

（1）启动"画图"程序的方法。

单击"开始"→"所有程序"→"附件"→"画图"命令，打开"画图"窗口。

微　课

（2）实现双色汉字图形的制作。

"画图"程序的绘图技巧较多，下面利用橡皮工具绘图的技巧，实现"双色汉字"的制作。如图 1-3 所示，选择工具箱上的"橡皮擦"工具按钮，可以用左键或右键进行擦除。这两种擦除方法适用于不同的情况。左键擦除是把画面上的图像擦除，并用背景色填充经过的区域。右键擦除可以只擦除指定的颜色，即所选定的前景色，而对其他的颜色没有影响。这就是橡皮的分色擦除功能。前景色和背景色的选取分别由"颜色1"和"颜色2"（图1-3）两个按钮来控制，样式如图1-3所示，最后将图形保存成文件。

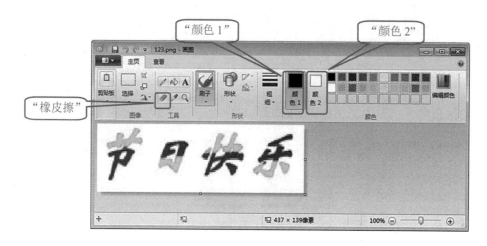

图1-3　画图程序制作双色汉字

操作步骤如下：

步骤1　选用"文本"工具，做出72磅大小的加粗文字，颜色由前景色决定。

步骤2　选用"橡皮擦"工具（图1-3），将背景色设为双色中的另一种颜色，用右键擦除的方法在文字的部位上面涂抹，这时前景色会露出所选的背景颜色。如果某一步操作错了，就及时使用"撤消"命令撤消该操作。

步骤3　如果再选择另外的背景色进行其他部位的擦除，可以制作多色汉字图形。

注意，用什么颜色写字，后面的操作中必须将这种颜色设为前景色，即要擦掉的颜色。

步骤4　选用"选择"工具将制作好的汉字选中，并将该区域拖放到画布的左上角；再将鼠标指针移到画布的右下角，拖动调整点改变画布的大小，与双色汉字区域大小基本一致。

步骤5　保存文件。

利用橡皮工具的分色擦除功能，只要按住右键进行擦除就可以起到只擦掉前景色的作用。如果分别选用两次不同的背景色就可以使文字成为双色字，当然也可以变化为更多的颜色。

2. 设置桌面背景

将双色汉字图形文件设置为桌面背景的操作如下：

步骤 1 在"个性化"窗口中，单击窗口下方的"桌面背景"链接，打开"桌面背景"窗口。

步骤 2 在"桌面背景"窗口中，单击"图片位置"下拉列表右侧的"浏览"按钮，打开"浏览文件夹"对话框，选择要设为桌面背景的图片文件。

步骤 3 选择"图片位置"为"居中"显示模式。

步骤 4 如果再选择多张图片，可以修改"更改图片时间间隔"选项，选择需要的时间"30秒"，然后单击"保存修改"按钮，这样桌面背景就会每隔30秒变换一张图片，如图1-4所示。设置好的个性化桌面背景效果如图1-1所示。

图 1-4 选择多个图片文件设置动态桌面背景窗口

任务总结

（1）实现 3D 视觉操作的 Windows 切换。

设置好桌面主题后，当打开多个文件或程序，然后同时按下组合键：Windows 键+【Tab】，Windows 键也就是【Alt】左边的键，Windows 键不松开，每按一次【Tab】，就会出现具有 3D 视觉的程序切换神奇效果，如图1-5所示。

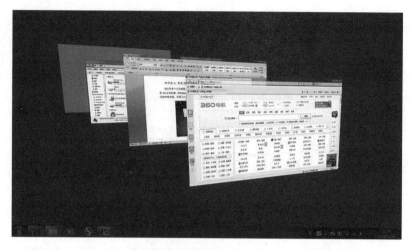

图 1-5　3D 视觉切换

（2）截图操作。

① 复制窗口和屏幕。若想把窗口复制到文档中，可按【Alt+PrintScreen】组合键将整个窗口复制到剪贴板，然后在编辑文档或图形窗口中，比如"Word 2010"，选择"粘贴"命令即可；若想复制整个屏幕，可按【PrintScreen】键。

② 使用"截图"附件工具。在附件中打开"截图工具"窗口，"模式"下拉列表截图方式有"任意格式截图"、"矩形截图"、"窗口截图"和"全屏幕截图"，如图 1-6 所示。

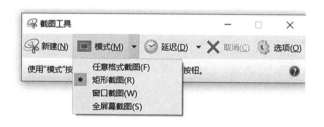

图 1-6　"截图工具"窗口

（3）使用桌面小工具。

Windows 7 系统提供了一个小型的桌面工具集。这些小程序可以提供即时信息，以及轻松访问常用工具的途径，既可以丰富桌面，又具有实用性。

① 启动"小工具库"窗口。在桌面空白处单击鼠标右键，在弹出的快捷菜单中选择"小工具"命令，打开"小工具库"窗口，如图 1-7 所示。窗口中列出了系统提供的 9 种桌面小工具。

图 1-7 "小工具库"窗口

② 添加小工具到桌面。在"小工具库"窗口中，选择任意一个小工具图标，双击它或者使用鼠标拖曳，即可将该小工具添加到桌面。

同步训练

1. 自定义个性化桌面主题

（1）选用两幅图为桌面背景，每 30 秒更换一次。

（2）窗口颜色设置为"白霜"，并启用透明效果。

（3）屏幕保护程序设置为"三维文字"效果，等待时间为 1 分钟，"设置"自定义文字为"请等我一会儿！"，设置为粗体、隶书，旋转类型为"跷跷板式"，表面样式为"纹理"。

（4）"保存主题"名为"最美桌面"。

2. 为桌面添加"小工具"

桌面上添加"日历""时钟""天气"小工具，并设置其参数（也可以根据自己的喜好在桌面上添加需要的小工具）。

任务二　管理文件与文件夹

Windows 7 用于管理计算机中的硬件资源和软件资源。计算机中的各种信息都是以文件的形式保存在磁盘中的，比如，文档、图片、音乐、动画和程序等。管理文件与文件夹是 Windows 的主要功能。利用 Windows 7 资源管理器可对文件进行分类管理，把同类的文件存储在相应的文件夹中，这就是"树型"文件结构，如图 1-8 所示。它能使用户更清楚、更直观地认识和查找文件和文件夹，极大地提高工作效率。

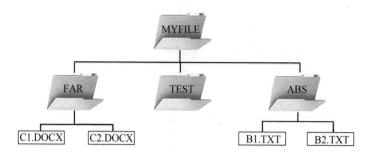

图 1-8　"树型"文件结构

任务提出

使用资源管理器管理文件与文件夹。在资源管理器中，对文件或文件夹进行新建、选定、移动、复制、删除、重命名、设置属性和创建快捷方式等操作。任务要求如下。

（1）在 C 盘创建如图 1-8 所示的树型文件结构，并实现文件和文件夹的操作。

（2）将 MYFILE\FAR 文件夹中的文件 C1.DOCX 移动到 ABS 文件夹内，并将该文件更名为 PLI.XLSX。

（3）将 MYFILE\ABS 文件夹的文件 B1.TXT、B2.TXT 复制到 TEST 中。

（4）将 MYFILE\ABS 文件夹的文件 B1.TXT 删除，并且不放入回收站。

（5）将 MYFILE\FAR 中的 C2.DOCX 文件属性设置成存档和隐藏属性。

（6）为 MYFILE\ABS 文件夹中的 B2.TXT 创建桌面快捷方式。

任务分析

资源管理器可以访问计算机中的各种设备和设备中的资源，例如，硬盘、DVD 驱动器、网络以及可移动媒体。还可以访问连接到计算机的其他设备，如外部硬盘驱动器和 USB 闪存驱动器。

1. 认识资源管理器窗口

打开资源管理器的方法有两种。

（1）双击桌面上的"计算机"图标，或单击任务栏左侧的"Windows 资源管理器"图标。

（2）选择"开始">"所有程序">"附件">"Windows 资源管理器"命令，或在"开始"按钮上单击右键，在弹出的快捷菜单中选择"打开 Windows 资源管理器"命令。通过"计算机"打开的资源管理器窗口也称为"计算机"窗口，如图 1-9 所示。

资源管理器的左侧窗格用于显示所有磁盘和文件夹列表，右侧窗格用于显示选定的磁盘和文件夹的内容。

为了便于查看文件夹中的内容，可以设置不同的显示方式。单击窗口工具栏中的"更改您的视图"（图 1-9）按钮右侧的"更多选项"（图 1-9）按钮，在打开的列表中选择一种显示方式，如图 1-10 所示。

图 1-9　资源管理器窗口

图 1-10　"更改您的视图"选项

2. 认识文件和文件夹

微 课

（1）文件：文件是一组存储在计算机磁盘上的相关信息的集合。任何一个文件都是用图标和文件名来标识的，文件名由主文件名和扩展名两部分组成，中间由圆点"."分隔，文件的扩展名用于区分文件的类型。如图 1-11 所示为几种不同类型的文件的图标和文件名。

图 1-11　Windows 中的文件

（2）文件夹：文件夹是用于存放文件或子文件夹的"容器"。为了便于管理计算机中的各种文件，用户可以将这些文件分门别类地存放到不同的文件夹中。文件夹中除文件外还可以存放多个子文件夹，文件在文件夹中的存储途径就叫"路径"。文件的路径是从磁盘根文件夹开始，用反斜杠（\）隔开的一系列子文件夹表示的，即盘符 C:\一级文件夹\二级文件夹名\……\文件名。

（3）文件和文件夹的命名遵循以下规则。

名称可以使用字母、数字、汉字、下划线等符号。

名称不能包含斜杠（/）、反斜杠（\）、尖括号（<>）、竖杠（|）、问号（?）、星号（*）、双引号（""）。

名称最多由 255 个字符或 127 个汉字组成，英文字母不区分大小写。

3. 对文件与文件夹的操作

选择文件和文件夹操作是执行文件与文件夹操作的前提。鼠标左键单击对象图标即选定一个对象，当需要对多个对象进行相同操作时，可以同时选择多个对象。

（1）选择多个连续的对象。先单击第一个对象，按住【Shift】键再单击最后一个。也可以按下左键不放，拖出一个矩形选框，这时在选框内的所有对象都会被选中。

（2）选择多个不连续的对象。按住【Ctrl】键，再用鼠标单击要选择的对象。

（3）选择全部。在打开的窗口中单击工具栏中的"组织"（图 1-9）按钮，在展开的列表中选择"全选"命令，或直接按【Ctrl+A】组合键。

对文件与文件夹的操作包括：新建文件和文件夹、移动或复制文件和文件夹、文件和文件夹的重命名、删除文件和文件夹、文件和文件夹属性设置、创建快捷方式。

任务实施

1. 新建文件和文件夹

创建文件在通常情况下是通过应用程序编辑、保存创建的，如 Word 文档编辑程序、画图程序等。此外，也可以直接在资源管理器中创建某种类型的空白文件、创建文件夹来分类管理文件，具体操作步骤如下：

微　课

步骤1　打开"计算机"窗口，打开用来存放新文件夹的磁盘驱动器或文件夹窗口。

步骤2　在窗口右窗格中，单击工具栏中的"新建文件夹"按钮，或在右窗格空白处单击鼠标右键，在弹出的快捷菜单中选择"新建">"文件夹"命令，如图 1-12 所示，执行命令时文件夹的名称处于可编辑状态，输入一个新名称，比如，"MYFILE"，按【Enter】键确认。

图 1-12　新建文件或文件夹快捷菜单

步骤3　双击打开"MYFILE"文件夹，继续创建它的下一级文件夹。在右窗格的空白处单击鼠标右键，选择"新建">"文件夹"菜单命令，分别创建"FAR""TEST""ABS"文件夹。

步骤4　双击打开新建的"FAR"文件夹，在空白处单击右键，选择"新建"菜单中某个应用程序，即可创建一个基于该应用程序类型的空文件，比如，选择"Microsoft Word 文档"，输入文件名"C1.DOCX"，按【Enter】键确认。

注意，此时文件扩展名处于显示状态，否则输入文件名时不要输入扩展名。

如果要改变原有的扩展名，比如，新建 C2.DOCX 文件，选择的是新建文本文档类型，输入文件后，系统会弹出一个重命名警告框，如图 1-13 所示，单击"是"按钮确认后才能完成。

图 1-13　改变扩展名警告框

2. 文件和文件夹重命名

单击选中某个文件或文件夹，在选定的对象上单击右键，在弹出的快捷菜单中选择"重命名"命令，或单击工具栏中的"组织"按钮，在展开的列表中选择"重命名"项，直接输入新的名称，按回车键或单击其他位置确认。当输入的名称要改变扩展名时，同样也会出现图 1-13 所示的警告框。

3. 移动或复制文件和文件夹

移动文件或文件夹是指改变文件或文件夹的存放位置；复制文件或文件夹是指为文件或文件夹在目标位置建立副本，而原位置的文件或文件夹还存在。在 Windows 7 中有多种复制和移动文件或文件夹的方法。

移动文件和文件夹的具体操作步骤如下：

步骤1　打开"FAR"文件夹，选定文件"C1.DOCX"，右键单击该文件，在快捷菜单中选择"剪切"命令，或单击工具栏中的"组织">"剪切"选项，或者在选中对象后按【Ctrl+X】组合键。

步骤2　打开目标位置"ABS"文件夹，单击右键，在快捷菜单中选择"粘贴"命令，或单击工具栏中的"组织">"粘贴"选项，或者按【Ctrl+V】组合键。

复制文件和文件夹的具体操作步骤如下：

步骤 1　打开"ABS"文件夹，借助【Ctrl】键同时选定两个文件"B1.TXT"和"B2.TXT"。

步骤 2　与"移动"操作方法相同，选择"复制"命令，或者按【Ctrl+C】组合键；打开目标位置"TEST"文件夹，执行"粘贴"命令（或者按【Ctrl+V】组合键）即可。

4. 删除文件和文件夹

删除文件和文件夹的具体操作步骤如下：

步骤 1　选中要删除的文件或文件夹，如"B1.TXT"，按【Delete】键或单击右键，在快捷菜单中选择"删除"命令。

步骤 2　弹出删除文件确认对话框，如图 1-14 所示，如果单击"是"按钮，即可将所选文件或文件夹放入回收站中。

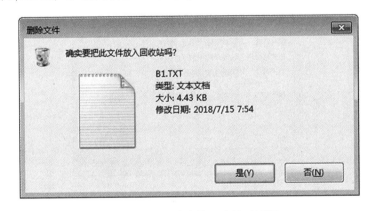

图 1-14　"删除文件"确认对话框

步骤 3　如果需要真正删除对象，不放入回收站，可在执行删除操作的同时按下【Shift】键，这时弹出的对话框是，永久删除该文件的确认，单击"是"按钮，将直接删除而不进入回收站。

"回收站"是硬盘上的一块区域，用于临时保存从硬盘中删除的文件或文件夹，对 U 盘和网络上的文件是不回收的。对于误删除的对象，放入"回收站"后，还可以从"回收站"中执行"还原"操作，将其还原到删除前的位置。"回收站"为删除文件或文件夹提供了安全保障。

5. 文件和文件夹属性设置

Windows 7 为文件或文件夹提供了 3 种属性：只读、隐藏和存档。只读属性是指该文件或文件夹只能打开阅读，不能进行修改；隐藏属性指该文件或文件夹被隐藏，打开其所在窗口不显示；存档属性指该文件或文件夹不仅可以打开阅读，还可以修改其内容并进行保存，一般新建或修改后的文件都具有这种属性。设置文件属性的操作步骤如下：

步骤1　打开"FAR"文件夹，选定文件"C2.DOCX"，右键单击文件，在快捷菜单中选择"属性"命令，或单击工具栏中的"组织">"属性"选项，打开"属性"对话框。

步骤2　勾选"只读"和"隐藏"前面的复选框，如图1-15所示。单击"高级"按钮，打开"高级属性"对话框可设置存档属性。

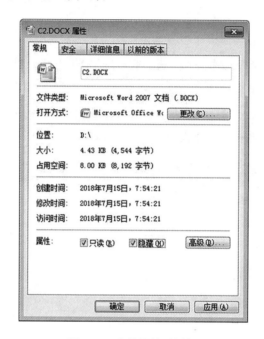

图1-15　文件属性对话框

6. 创建快捷方式

快捷方式是指向相应对象的链接。创建快捷方式实际上是一个扩展名为 lnk 的链接，删除快捷方式不会对其所链接的对象有任何影响。选定要创建快捷方式的文件名"B2.TXT"，单击右键，从弹出的快捷菜单中选择"发送到">"桌面快捷方式"命令。

任务总结

（1）设置文件夹选项。

设置文件夹选项可以设置是否显示文件的扩展名、是否显示文件提示信息、是否显示隐藏文件等选项。

在"计算机"窗口中，单击"工具">"文件夹选项"菜单命令，或单击工具栏中的"组织">"文件夹和搜索选项"命令，打开"文件夹选项"对话框，单击"查看"选项卡，如图 1-16 所示。

在"高级设置"栏中列出了文件和文件夹的显示方式，其中有"隐藏已知文件类型的扩展名""隐藏文件和文件夹"等选项。

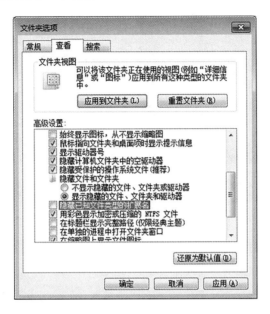

图 1-16 "文件夹选项"对话框中的"查看"选项卡

（2）任务管理器。

使用 Windows 的任务管理器可以管理当前正在运行的应用程序和进程，查看有关计算机性能、联网及用户的信息。

① 启动"任务管理器"。右键单击任务栏的空白处，在弹出的快捷菜单中选择"启动任务管理器"命令，或同时按下【Ctrl+Alt+Delete】组合键、【Ctrl+Shift+Esc】组合键，即可打开"Windows 任务管理器"窗口，如图 1-17、图 1-18 所示。

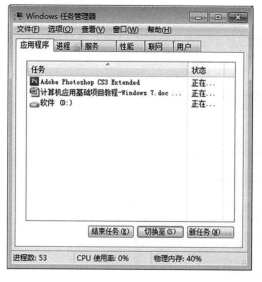 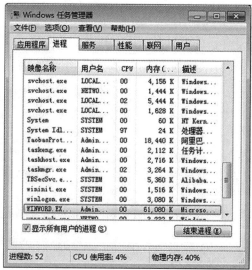

图 1-17 "任务管理器"应用程序选项卡　　　图 1-18 "任务管理器"进程选项卡

② 利用"任务管理器"终止应用程序或进程。当系统出现"死机"时，或者某些应用程序停止响应时，均可利用"任务管理器"结束对应程序或进程。

同步训练

1. 在 C 盘创建如图 1-19 所示的树型文件结构，并实现文件和文件夹的操作。

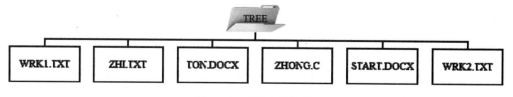

图 1-19 树型文件结构

（1）在 TREE 文件夹中创建一个 MYDOC 文件夹，并再在 MYDOC 文件夹内再建立两个子文件夹，分别命名为 TXT 和 DOCX。

（2）在 TREE 文件夹中将所有.DOCX 文件复制到新建的 DOC 文件夹中。

（3）在 TREE 文件夹中将所有.TXT 文件移动到新建的 TXT 文件夹中。

（4）将 TREE 文件夹中的文件 ZHONG.C 更名为 ABC.DOCX。

（5）将 TREE 文件夹中的文件 TON.DOCX、START.DOCX 删除。

（6）将 MYDOC 文件夹中的文件 TON.DOCX 设置成只读、隐藏属性。

2. 在 C 盘创建考生目录文件夹及子文件夹和相应的文件，并实现文件和文件夹的操作。

考生目录\BAUD\OK\LEVEL.C；

考生目录\BORW\LINES\USER.PAS；

考生目录\BITMAP\BIN\ONLINE.C；

考生目录\BRUSH\BLOCK；

考生目录\BOTTOM\DRAW.DOCX；

考生目录\BLUE\DOCTOR\X3\TIME.C。

（1）将考生目录文件夹下的 BAUD\OK 子文件夹中的文件 LEVEL.C 设置成具有隐含属性的文件。

（2）将考生目录文件夹下的 BORW\LINES 子文件夹删除。

（3）将考生目录文件夹下的 BITMAP\BIN 子文件夹中的文件 ONLINE.C 更名为 DATE.OUT。

（4）在考生目录文件夹下的 BRUSH\BLOCK 子文件夹中建立一个新的子目录 BIT。

（5）将考生目录文件夹下的 BOTTOM 子文件夹中的文件 DRAW.DOCX 拷贝到考生目录文件夹下 BLUE\DOCTOR\X3 子文件夹中，文件名为 ADD.DOCX。

（6）将考生目录文件夹下的 BLUE\DOCTOR\X3 文件夹中的 TIME.C 文件删除。

任务三　管理磁盘

当计算机用了一段时间后，程序的运行速度越来越慢，不时出现死机、蓝屏等现象，这主要是没有进行计算机维护。通过扫描磁盘、整理磁盘碎片、清理磁盘垃圾等操作，可以检查系统中是否存在逻辑错误，并使系统的性能得到提升。

任务提出

（1）使用"磁盘碎片整理程序"整理 C 盘碎片。

（2）使用"磁盘清理"工具清理 D 盘垃圾。

（3）使用"查错"工具检查 G 盘错误。

任务分析

1. 磁盘碎片整理

操作计算机时，由于经常对磁盘上的文件进行读写、删除等操作，会使一个文件被分散保存在多个不连续的区块，这分散的文件块就叫磁盘碎片。

大量的磁盘碎片将会影响计算机的运行速度。通过整理磁盘碎片，可以把磁盘碎片重新合并，以提高磁盘的读写性能。

2. 磁盘清理

操作计算机时，系统会产生一些临时文件。如果不及时删除它们，长期积累后就会占用磁盘空间，并且会影响系统运行的速度。

通过磁盘清理可以删除临时文件、清空回收站、Internet 缓存文件等垃圾文件，释放磁盘空间。

3. 检查磁盘错误

计算机出现频繁死机、蓝屏或者系统运行变慢时，可能是由于磁盘上出现了逻辑错误。利用磁盘的"查错"工具，可以检测当前磁盘中是否存在逻辑错误，并可以进行自动修复，以确保磁盘中的数据安全。

任务实施

1. 使用"磁盘碎片整理程序"整理 C 盘碎片

步骤 1　单击"开始">"所有程序">"附件">"系统工具">"磁盘碎片整理程序"命令。打开"磁盘碎片整理程序"对话框，如图 1-20 所示。

图 1-20　"磁盘碎片整理程序"对话框

步骤2　在"当前状态"列表框中选择C磁盘，单击"磁盘碎片整理"按钮，系统开始对磁盘进行碎片整理。

注意，在整理磁盘碎片期间尽量不要运行其他程序。

2. 使用磁盘清理系统工具——清理D盘垃圾

步骤 1　单击"开始">"所有程序">"附件">"系统工具">"磁盘清理"命令，打开"磁盘清理：驱动器选择"对话框，在其下拉列表框中选择"D:"盘选项，并单击"确定"按钮，如图 1-21 所示。

图 1-21　选择要清理的磁盘

步骤 2　打开"（D:) 的磁盘清理"对话框，在"要删除的文件"列表中选中需删除的文件类型的复选框，单击"确定"按钮，开始清理磁盘，如图 1-22 所示。

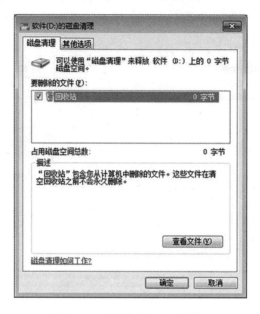

图 1-22 "磁盘清理"对话框

3. 使用检查磁盘错误系统工具——检查 G 盘错误

步骤1 在 Windows 资源管理器中，右键单击要检查错误的磁盘"G:"，在弹出的快捷菜单中选择"属性"命令。

打开磁盘属性对话框，切换到"工具"选项卡，如图 1-23 所示。

步骤2 单击"开始检查"按钮，打开"检查磁盘"对话框，如图 1-24 所示。

选中两个选项可在检查磁盘时自动修复文件系统错误和逻辑坏磁道。

图 1-23 "磁盘属性"对话框

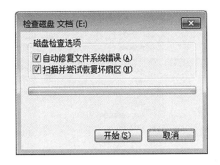

图 1-24 "检查磁盘"对话框

任务总结

（1）认识控制面板。

在"开始"菜单中选择"控制面板"命令，打开"控制面板"窗口，如图 1-25 所示，这是"小图标"方式显示。在"控制面板"中允许用户查看并操作基本的系统设置，比如添加/删除软件，控制用户帐号，更改辅助功能选项。

图 1-25 "控制面板"窗口"小图标"显示方式

（2）Windows 7 自带的磁盘清理工具。

进入控制面板，选择"类别"方式显示。打开"系统和安全"选项，如图 1-26 所示，单击"管理工具"下面的"释放磁盘空间"选项。

图 1-26　"系统安全"选项窗口

选择需要清理的磁盘，以 C 盘为例，自动扫描后，选择需要删除的临时文件，如图 1-27 所示，然后单击"确定"按钮，系统开始对 C 盘进行磁盘清理。

图 1-27　磁盘清理删除临时文件对话框

（3）使用输入法状态条。

选择的汉字输入法不同，其显示的状态条也不同，比如，"搜狗拼音输入法"，如图 1-28 所示，各按钮的作用如下。

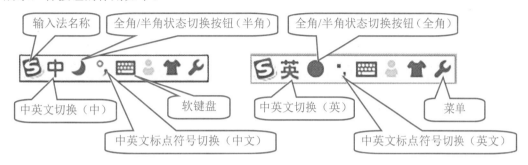

图 1-28　"搜狗拼音输入法"的状态条

① "输入法名称"按钮：按钮用于选择状态条上显示的按钮，不同输入法间切换的快捷键是【Ctrl+Shift】。

② "中英文切换"按钮：用于中英文切换，单击"中英文切换（中）"变为"中英文切换（英）"，可进行英文输入。中英文切换的快捷键是【Shift】或者【Ctrl+Space（空格键）】。

③ "全角/半角状态切换按钮"按钮：用于全角与半角状态切换。单击"全角/半角状态切换按钮（半角）"后变为"全角/半角状态切换按钮（全角）"，可进行全角输入，全角输入的数字和符号均占一个汉字的位置。全角/半角切换的快捷键是【Shift+Space（空格键）】。

④ "中英文标点符号切换"按钮：用于中英文标点符号的切换。单击"中英文标点符号切换（中文）"变为"中英文标点符号切换（英文）"，此时可进行英文标点符号的输入。

⑤ "软键盘"按钮：是通过软件模拟的键盘，鼠标左键单击"软键盘"按钮输入字符。为了防止木马记录键盘的输入，一般在银行网站上输入账号和密码时经常用到。右键单击它可打开 13 种软键盘，如图 1-29 所示，在弹出的这个菜单中选择不同的分类可以输入不同的字符，比如，"特殊符号"，打开如图 1-30 所示的软键盘，可用于输入一些特殊符号。再次单击它可关闭软键盘。

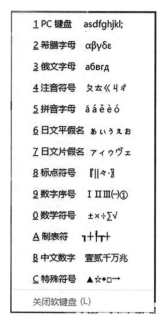

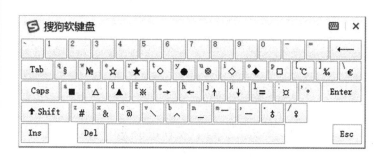

图 1-29　软键盘种类　　　　　　　　　图 1-30　特殊符号软键盘

⑥ "菜单"按钮：用于打开功能菜单。单击"菜单"按钮可打开功能菜单，选择使用相应的功能。

同步训练

1. 在控制面板中卸载软件的操作。

（1）打开"控制面板" > "程序" > "程序和功能"窗口。

（2）选择需要卸载的程序，单击"卸载"按钮，最后出现"确认"窗口，单击"卸载"，出现"卸载"进度条，之后单击"完成"，则该软件从系统中卸载成功。

2. 用计算器进行各种进制转换。

（1）将十进制数 1259 转换成二进制数。

（2）将八进制数 5376 转换成十进制数。

（3）将二进制数 1101100010101101 转换成十六进制数。

（4）将二进制数 10101100111 转换成十进制数。

（5）将十六进制数 9A8F 转换成八进制数。

项目总结

本项目主要学习了如何使用 Windows 7 系统管理计算机，重点掌握以下内容。

认识 Windows 7 的工作界面，掌握 Windows 7 个性化设置桌面背景的方法，会使用附件常用工具，会添加桌面实用小工具并对其设置，会使用截图截取全屏和窗口。

了解文件和文件夹的概念，认识资源管理器和任务管理器的作用和意义，掌握 Windows7 中利用资源管理器窗口工具栏中的"组织"按钮或右键快捷菜单中的命令实现对文件和文件夹的基本操作，包括新建、选择、重命名、移动、复制、删除、设置属性、创建快捷方式等操作。

掌握利用 Windows 7 自带的系统维护工具整理磁盘碎片、清理磁盘以及扫描磁盘的方法，能够定期对计算机进行维护、清理垃圾文件、管理计算机中的软件等操作。了解控制面板的作用及设置选项。

项目训练

下载并安装搜狗拼音输入法和腾讯 QQ 聊天软件，要求如下。

（1）从搜狗拼音输入法官方网站（http://pinyin.sogou.com）下载"搜狗拼音输入法正式版"安装程序。

（2）运行安装程序，完成搜狗拼音输入法的安装。

（3）从腾讯官方网站（http://pc.qq.com）腾讯软件中心下载"QQ 聊天软件正式版"安装程序。

（4）运行安装程序，完成 QQ 聊天软件的安装。

项目考核

在线测试

在线测试（扫右侧二维码进行测试）。

项目二　用互联网处理信息

【项目描述】

　　随着计算机网络技术的普及和发展，计算机网络已深入到人们的工作、学习和生活等各个领域，不断地推动人类社会信息化水平的提高。互联网是目前世界上最大的计算机网络，又称 Internet、"因特网"或"国际互联网"，在世界上任何地方的任何一台计算机只要接入互联网，就可以跨越时空查阅互联网上的信息资源，与网络上的其他计算机或用户交换信息，获得该网络提供的各种信息服务，而不受地区、国界和时间的限制。利用浏览器可以获取网上资源，享受网络服务，体验现代化办公和数字化学习与生活。

　　本项目通过两个任务介绍计算机网络的应用，学习互联网的相关知识，认识 Windows 7 与网络的关系，体验互联网给学习和生活带来的无穷魅力。通过本项目的学习，可以使我们掌握利用互联网进行工作和学习的方法。

【学习目标】

◇　会选择并使用合适的浏览器浏览网页和保存网页资料。

◇　认识搜索引擎，会在网上查询信息资源。

◇　会使用不同的工具和移动设备收发电子邮件，进行网络交流。

任务一　浏览网页与搜索信息

　　互联网上的资源一般都是以网页的形式显示，用户要浏览网页必须依靠网页浏览器。网页浏览器是显示网页服务器或档案系统里的文件，并让用户与这些文件互动的一种软件。Windows 7 操作系统自带浏览器为 Internet Explorer 浏览器（简称 IE 浏览器），是由美国 Microsoft 公司开发的浏览网上信息的工具软件。除此之外，用户也可以安装其他浏览器，常见的有 360 安全浏览器、百度浏览器、傲游浏览器、搜狗浏览器、腾讯 QQ 浏览器等。

　　随者移动设备智能手机的发展，手机也不再是简单的通话工具，使用它可以实现各种功能，包括上网、阅读、聊天、传输信息等。手机上网需要的浏览器常用的有百度手机浏览器、UC 浏览器等。借助于浏览器，用户便可以上网浏览网页、搜索信息、下载资料、收发电子邮件，畅游互联网。

网络中的信息资源纷繁复杂，可以是文字、图片、视频、动画，也可以是软件和数据库等。用户若需在网络中查找所需的信息资源，可以使用互联网上的搜索引擎来实现。比如，国外的全文搜索引擎代表是谷歌（Google），国内的搜索引擎代表是百度（Baidu）。

任务提出

1. 使用合适的浏览器浏览网页和保存网页资料

使用 360 安全浏览器打开"新浪"网页，并通过超链接浏览"体育"信息，并保存网页内容。

2. 使用搜索引擎搜索所需的信息资源

使用百度搜索引擎，搜索关键词"世界杯"，查看搜索的网页信息。百度搜索引擎首页如图 2-1 所示。

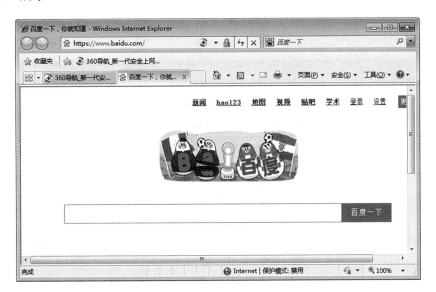

图 2-1　百度首页

任务分析

1. 使用 360 安全浏览器浏览网页

360 安全浏览器是目前互联网上安全好用的新一代浏览器。它拥有全国最大的恶意网址库，采用恶意网址拦截技术，可自动拦截挂马、欺诈、网银仿冒等恶意网址，且独创沙箱技术，在隔离模式即使访问木马也不会感染。360 安全浏览器首页如图 2-2 所示。

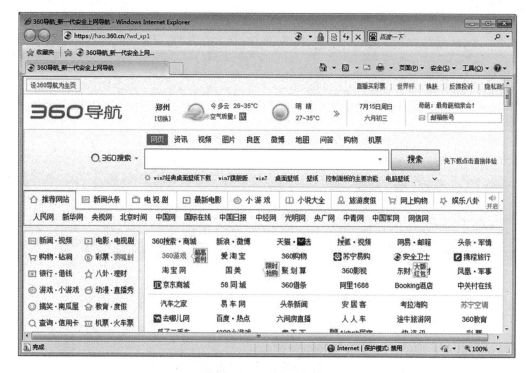

图 2-2　360 安全浏览器首页

2. 使用"百度"搜索引擎搜索信息

百度是最大的中文搜索网站。百度搜索可以根据互联网本身的链接结构对搜索到的所有网站自动进行分类，并能为每一次搜索迅速提供准确的结果。百度搜索是用户在互联网上查找信息的快速指南，能及时地为用户推荐最优秀的网络资源。百度搜索分为新闻、网页、音乐、图片、频率和地图等多种搜索模块。单击不同类型的链接即可进入相应的搜索模式。

任务实施

1. 浏览网页与保存信息

步骤 1　打开 360 安全浏览器首页，如图 2-2 所示，单击"新浪"链接，打开"新浪"首页，如图 2-3 所示，并通过超链接浏览"体育"新闻信息，如图 2-4 所示。

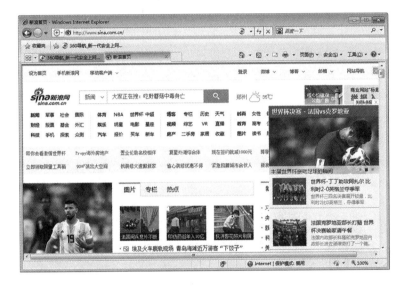

图 2-3　"新浪"首页

图 2-4　"新浪体育"新闻页面

步骤 2 选择网页中要保存的文本，在文本上单击右键，从快捷菜单中选择"复制"命令，或按组合键【Ctrl+C】，启动文字编辑软件，执行"粘贴"命令，或按组合键【Ctrl+V】，然后保存文档，完成网页中文本的保存操作。

步骤 3 保存网页中的图片可在图片上单击右键，从快捷菜单中选择"图片另存为"命令，在打开的"保存图片"对话框中输入文件名，选择保存位置，然后单击"保存"按钮，完成网页中图片的保存操作。

2. 搜索关键词信息

打开百度搜索，在搜索框中输入"世界杯"，单击"百度一下"按钮，在打开的网页中将列出与"世界杯"相关的各类网站信息链接，如图 2-5 所示。

图 2-5　在百度搜索输入关键词显示搜索结果链接

若单击百度首页中的"更多"超链接，则还可进行更多搜索。

单击"百科"，进入"百度百科"页面，如图 2-6 所示。百度百科是全球最大的中文百科全书。

图 2-6 "百度百科"页面

任务总结

（1）认识手机浏览器。

UC 浏览器是一款把"互联网装入口袋"的主流手机浏览器，速度快而稳定，具有视频播放、网站导航、搜索、下载、个人数据管理等功能。

手机 UC 浏览器，支持 WEB、WAP 页面浏览，速度快而稳定，页面排版美观。

UC 浏览器支持多网页显示，可以在手机网页中开启多个网页进行逐个浏览，而无须再进行网页的切换操作。手机版 UC 浏览器多页面显示如图 2-7 所示。

百度手机浏览器是百度自主开发，为手机上网用户量身定制的一款浏览器。产品覆盖 Android、iOS、Windows Phone 平台。

百度手机浏览器该浏览器具有极速内核、智能搜索等，整合了百度的其他服务，如图 2-8 所示。

图 2-7 手机 UC 浏览器多页面显示

图 2-8　百度手机浏览器

（2）搜索关键词技巧。

百度搜索简单方便，只需要在搜索框内输入需要查询的内容，按回车键，或者鼠标单击搜索框右侧的"百度一下"搜索按钮，就可以得到符合查询需求的网页内容。

微　课

为了及时准确的检索到所需要的结果，用户应正确书写关键词，采用逐步增加关键词的方法，缩小搜索范围。

① 多关键词搜索。使用空格或加号（+）表示逻辑"与"，如关键词为"中国 高铁技术"，搜索结果将同时包含"中国""高铁技术"两个关键词。

使用减号（-）表示逻辑"非"，如关键词为"中国 - 高铁技术"，搜索结果将只包含关键词"中国"，但不包含关键词"高铁技术"。输入时要求在减号前留一空格。

② 搜索完整关键词。使用双引号（" "）或者书名号（《 》）表示精确匹配，如果关键词较长，搜索结果中的关键词可能会被拆分，在搜索关键词上加上双引号，提升准确率。比如，关键词"中国""高铁技术"后开始搜索，搜索结果中关键词将避免被拆分。

③ 模糊搜索。对于关键词不明朗，或者忘记了一部分 ，忘记的词可用*来代替实现用模糊搜索。比如，关键词"中国高铁*"。

同步训练

1. 浏览网页与信息查询。

（1）输入网址"http://www.xinhuanet.com"打开新华网站，浏览网站中的新闻或其他信息，并将网站中自己喜欢的图片保存到计算机中。

（2）输入网址"http://www.sina.com.cn"打开新浪网。

（3）使用百度搜索引擎。搜索关键字"列车时刻"，查找关于列车时刻的信息；搜索自己所学专业在北京、上海、广州和本地的就业情况；搜索自己喜欢歌曲，下载 MP3 歌曲到自己的计算机中；搜索"QQ 音乐"，将"QQ 音乐"播放器软件下载到自己的计算机中。

（4）利用百度搜索与英语四级考试相关的网页（在搜索栏中输入"英语四级考试"）。

2. 打开搜狐网站，利用网站浏览网页；利用百度搜索，搜索信息资源。

（1）打开搜狐网站，单击"军事"超链接，打开"军事"的新闻网页浏览相应的新闻内容。

（2）利用百度搜索搜索"营销管理招聘"的信息资源。

进入百度网站。百度搜索引擎的分类检索功能提供了新闻、网页、音乐、图片、视频和地图等资源。在网页搜索文本框中输入搜索的关键字"营销管理招聘"，点击"百度一下"按钮，打开包含"营销管理招聘"关键词的搜索结果页面。

任务二　移动学习与网络交流

有了互联网，人们可以通过收发电子邮件、QQ 聊天、微信交流、微博发布消息等互相交流；有了互联网，人们可以在繁忙的工作和学习之余，通过在线看电影、听音乐等方式进行娱乐，还可以通过互联网进行在线学习。

移动设备就是手机或者平板计算机等可以随身携带的互联网设备。通过它可以随时随地访问互联网并获得各种信息。

即时通信是网上一种十分方便、快捷的点对点沟通软件。即时通信尤其以手机端的发展更为迅速。腾讯 QQ 是一款目前国内覆盖面广的即时通信软件之一。QQ 聊天是即时通信产品最基础的功能，能够满足人类的交流沟通需求，在用户间完成信息的传递工作。

微信也是腾讯公司推出的一个为智能终端提供即时通信服务的免费应用程序，微信支持跨通信运营商、跨操作系统平台，通过网络快速发送免费语音短信、视频、图片和文字。它作为一款"全民应用"即时通信软件，甚至已经取代电话、短信、QQ 等，成为最常用的互相联络的工具。

任务提出

1. 聊天通信——微信

（1）使用微信群相互交流和发布信息。

（2）使用微信在手机和计算机上互传文件。

2. 聊天通信——QQ

（1）使用 QQ 群相互交流和发布信息。

（2）使用 QQ 邮箱收发邮件。

任务分析

1. 微信通信

在微信里，除了点对点的与人联系，很多时候可以加入到各种群组中，进行多人群聊。在群里发送的信息大家可以共享，可以互相讨论问题，发表各自的见解。

微信具有收藏功能，可以将微信上看到的小视频、图片等信息传送到计算机上，同样也可以通过计算机版网页微信的"文件传输助手"将计算机中的文件传输到手机微信上。

2. QQ 通信

在 QQ 中，既可以相互加为好友进行聊天交流，发送文件和图片，也可以建立 QQ 群，进行多人互动交流。在群里可以发送文件、相册、布置作业、公告等。利用 QQ 邮箱还可以相互发送超大邮件。

任务实施

1. 微信通信

（1）使用微信群发布信息进行交流。

在群界面中可以看到微信群中的朋友发送的文章、图片、视频等内容,在群中可对朋友发表的内容进行评论。

(2)使用微信在手机和计算机上互传文件。

首先要在计算机上安装微信网页版,通过手机扫描二维码验证登录微信,如图 2-9 所示,手机微信确认登录即可。选择手机微信中的"文件传输助手"命令,进入"文件传输助手"窗口,如图 2-10 所示,通过此窗口可将手机中的文件、图片、视频等传送到计算机上的微信中,单击"文件"图标按钮,可以将文件下载到计算机上。

图 2-9　二维码验证登录微信　　　　图 2-10　"文件传输助手"窗口

2. QQ 通信

(1)使用 QQ 群互相交流和发布信息。

加入 QQ 群后,群中成员之间既可以进行一对多的交流,也可选择单个成员单独进行交流,并且发送文件或图片等信息。选择"文件"可以上传文件,群里所有人可以共享这些文件,阅读、保存等。

(2)使用 QQ 邮箱收发邮件。

收发电子邮件需要先申请一个电子邮箱,获得一个电子邮件地址。目前,提供免费电子邮箱的网站有很多,比如,新浪、搜狐、网易等。有 QQ 账号的用户可以开通免费的 QQ 邮箱,邮箱地址为"QQ 号@qq.com", "@"是一个功能分隔符号,发音"艾特"。

步骤 1　打开百度搜索引擎,在搜索框中输入 QQ 邮箱登录,在页面中单击"登录 QQ 邮箱"链接,打开登录页面,如图 2-11 所示。

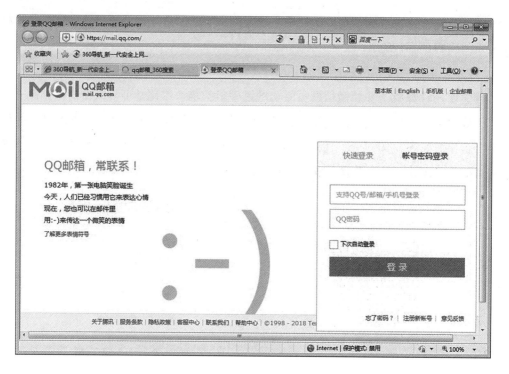

图 2-11　QQ 邮箱登录页面

步骤 2　输入账号和密码，即可进入邮箱收发邮件。进入邮箱后，单击邮箱导航栏中的"写信"链接，在"写信"窗口可以写信，如图 2-12 所示。

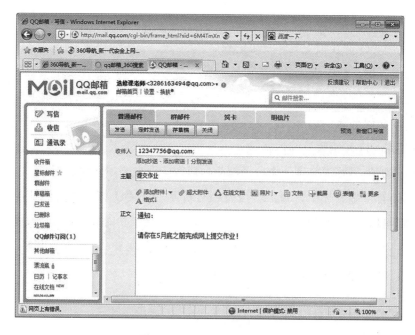

图 2-12　QQ 邮箱登录页面

步骤 3　在收件人处输入收件人的邮箱地址，如果有多个收件人，邮箱地址之间用分号（；）或逗号（，）隔开；在主题处填写邮件的标题，便于收信人在信箱中根据主题快速找到自己需要的邮件；在正文处书写邮件的内容文字；添加附件是随同电子邮件发出的附带文件，附件的类型没有限制。新邮件撰写完成后，单击"发送"按钮发送邮件。

步骤 4　单击"收件箱"链接，在"收件箱"窗口，可以阅读接收到的邮件；选择要回复的邮件，单击工具栏上的"回复"按钮，打开回复信件窗口即可回复；选择不想要的邮件，单击工具栏上的"删除"按钮即可删除该邮件。

任务总结

（1）使用微信公众平台。

微信公众平台是在微信的基础上新增的功能模块，通过这一平台，个人和企业都可以打造一个微信的公众号，并实现与特定群体进行文字、图片、语音的全方位沟通、互动。微信公众平台使用的方法是在微信界面中，单击"通讯录"选项卡中的"公众号"项，在里面查找并添加需要的公众平台即可。

（2）使用微信小程序。

微信小程序是一种不需要下载安装即可使用的应用程序，简单地说，小程序是你手机里安装的各种 APP 的微信版应用。用户扫一扫或搜一搜即可打开应用，如你手机里可能安装了美图秀秀、携程、航旅纵横、滴滴、大众点评等 APP，来实现你编辑图片、出行、订酒店、预定餐馆等需求，这一切通过微信使用这些 APP 的小程序就可以实现。微信小程序和公众号的区别是公众号服务于营销与信息传递，小程序面向产品与服务。

在微信界面中，单击"发现"选项卡中的"小程序"项，进入"小程序"窗口，用户使用过的 APP 会被列出，此时用户不用安装 APP，直接通过"小程序"即开即用，节省时间、节省流量、不占用桌面。

同步训练

1. 使用移动设备通过 Internet 进行网上学习与交流。

（1）搜索 CNNIC（中国互联网络信息中心），了解该机构的主要职责和历年来的重要新闻；找到最近一次 CNNIC 发布的《中国互联网络发展状况统计报告》，并下载该报告电子版。

（2）收发电子邮件。

① 发送电子邮件给同学们，主题为"网上学习分享"。

② 编写邮件内容为"我是××班×××"。

③ 接收人为同学们的邮箱地址；抄送一份给你自己；并密送一份给你的老师。

④ 添加附件，将"《中国互联网络发展状况统计报告》"以附件形式发送给同学们。

（3）使用 QQ 聊天软件给好友发送文件，比如，一首自己喜欢的 MP3 歌曲。

2．手机网购火车票。

（1）下载手机"12306"APP，打开"12306 中国铁路客户服务中心"，申请注册。

（2）订购火车票。登录"12306"，输入用户名和密码。选择日期、出发站点和目的站点，然后单击"查询车票"，进入查询界面，如图 2-13 所示。选择乘客、座别，完成"预订"，提交订单，如图 2-14 所示。

图 2-13 "12306"查询 图 2-14 提交订单

3．手机网上支付，完成订购。

选择网银支付、第三方支付平台（支付宝、微信）支付。网银支付单击相应银行的网上银行页面，根据提示进行相应的操作即可完成支付。

项目总结

本项目要求完成使用浏览器浏览网页，并会保存网页中信息资源；使用百度搜索引擎搜索所需的资料，掌握搜索的方法和技巧；使用不同的工具软件和移动设备收发电子邮件，熟练使用微信和QQ实现即时通信、传送文件等。通过对本项目的学习与实践，充分利用网络资源和移动设备进行学习与交流，提高学生的自学能力和信息化能力，为今后的学习和工作做好准备。

项目训练

检索资料与自我职业规划。

通过互联网检索有关职业规划方面的信息，了解自我职业取向；通过微信、QQ、邮件联系同学、教师或专家，进行咨询辅导；书写个人职业规划方案。

（1）通过网络了解什么是"职业规划"，明白其意义。

（2）搜索职业规划方面的专业网站，了解详细信息。建立个人职业规划资料文件夹，保存你认为有价值的资料。

（3）搜索网络中职业规划方面的测评资料进行自我测评，了解自我职业取向。

（4）搜索职业规划方面的专家信息，通过邮箱与专家或老师建立联系，进行咨询、沟通。明晰自己的职业方向。

（5）通过搜索、学习他人在职业规划方案方面的资料、样例，酝酿自己的规划方案。

（6）书写"个人职业规划方案"。

项目考核

在线测试

在线测试（扫右侧二维码进行测试）。

项目三　用 Word 2010 进行文档排版

【项目描述】

Word 2010 是微软公司 Office 2010 的办公组件之一。主要用于文档处理工作，也可以用来进行表格制作、图形绘制、版式设置以及简单的图片处理等。Word 中带有众多的文档格式设置工具，可以更有效地组织和编写文档。用 Word 编辑制作的文档如图 3-1 所示。

图 3-1　"健康知识简报"设计效果图

本项目中的前三个任务完成"健康知识简报"的版式制作，学习并实现文档编辑、图文混排和表格制作等基础排版操作。这些任务最终完成的效果如图 3-1 所示。

本项目在任务四、任务五中完成的是对长文档的排版，以及对邮件合并的操作。这是 Word 2010 文档编辑的更高一级应用，从长文档的分页与分节、样式设置、页眉页脚设置到目录的生成，以及域的更新等，这些操作能使我们处理长文档更快捷、高效。

【学习目标】

◇ 掌握 Word 文档创建、保存方法。

◇ 掌握文档输入、编辑、排版的操作。

◇ 学会对图形对象的排版技巧，实现图文混排。

◇ 能够灵活地制作 Word 表格。

◇ 理解 Word 长文档排版的整个过程。

◇ 会利用邮件合并功能批量制作和处理文档。

任务一 文档编辑与排版

在 Word 中进行文字处理工作时首先要学会文档的输入与编辑。编辑文档是 Word 处理文稿的最基本要求，同时也是完成本项目"健康知识简报"制作的基础。

任务提出

1. 创建 Word 文档

创建一个空白文档，并输入简报中的内容，包括文字、符号等。

2. 页面设置和文档排版

（1）页面设置。纸张大小 A4，上下页边距 2.3 厘米，左右页边距 3 厘米。

（2）设置字符和段落格式。正文小标题和表格标题方正舒体，三号，加粗，紫色，居中；"通知："二字设置华文彩云三号，蓝色加粗；正文宋体五号字，首行缩进 2 字符（除通知部分文字外）；"日常饮食需要注意的方面"一段设置段前 0.5 行。

（3）设置分栏和首字下沉。"平衡膳食"部分内容分两栏，添加分割线，栏宽默认；设置首字下沉两行，隶书，距正文 0.2 厘米。

（4）设置边框和底纹。“日常饮食需要注意的方面”字号四号加粗，并对文字内容添加阴影边框，框线 1.5 磅，颜色“橙色，强调文字颜色 6，深色 50%”，底纹为“橙色，强调文字颜色 6，淡色 80%”。

（5）添加项目符号。“日常饮食需要注意的方面”下方内容添加项目符号。

（6）添加页眉和页脚。添加页眉“编辑：李晓云”，右对齐，在页脚处插入日期和时间，左对齐。

3. 保存文档

“健康知识简报”文档排版效果如图 3-2 所示。

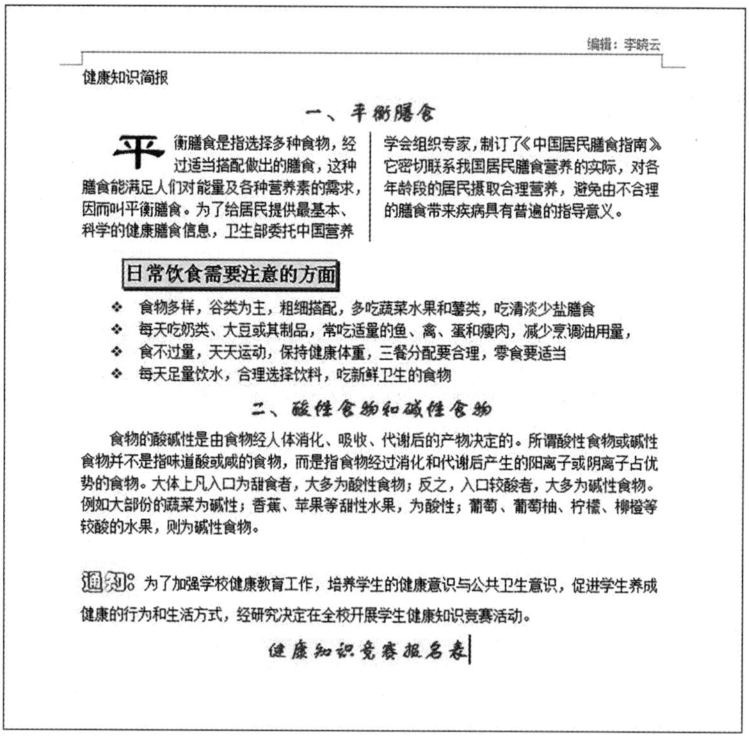
编辑：李晓云

健康知识简报

一、平衡膳食

平衡膳食是指选择多种食物，经过适当搭配做出的膳食，这种膳食能满足人们对能量及各种营养素的需求，因而叫平衡膳食。为了给居民提供最基本、科学的健康膳食信息，卫生部委托中国营养学会组织专家，制订了《中国居民膳食指南》，它密切联系我国居民膳食营养的实际，对各年龄段的居民摄取合理营养，避免由不合理的膳食带来疾病具有普遍的指导意义。

日常饮食需要注意的方面

- 食物多样，谷类为主，粗细搭配，多吃蔬菜水果和薯类，吃清淡少盐膳食
- 每天吃奶类、大豆或其制品，常吃适量的鱼、禽、蛋和瘦肉，减少烹调油用量，
- 食不过量，天天运动，保持健康体重，三餐分配要合理，零食要适当
- 每天足量饮水，合理选择饮料，吃新鲜卫生的食物

二、酸性食物和碱性食物

食物的酸碱性是由食物经人体消化、吸收、代谢后的产物决定的。所谓酸性食物或碱性食物并不是指味道酸或咸的食物，而是指食物经过消化和代谢后产生的阳离子或阴离子占优势的食物。大体上凡入口为甜食者，大多为酸性食物；反之，入口较酸者，大多为碱性食物。例如大部份的蔬菜为碱性；香蕉、苹果等甜性水果，为酸性；葡萄、葡萄柚、柠檬、柳橙等较酸的水果，则为碱性食物。

通知：为了加强学校健康教育工作，培养学生的健康意识与公共卫生意识，促进学生养成健康的行为和生活方式，经研究决定在全校开展学生健康知识竞赛活动。

健康知识竞赛报名表

图 3-2　文档排版效果图

编辑完成如图 3-2 所示的文档并命名为“健康知识简报”，存放在 C 盘一个名字为“Word 排版”的文件夹中。

任务分析

1．创建 Word 文档

启动 Word 2010 后，工作界面如图 3-3 所示，系统将自动创建名为"文档 1"的空白文档。

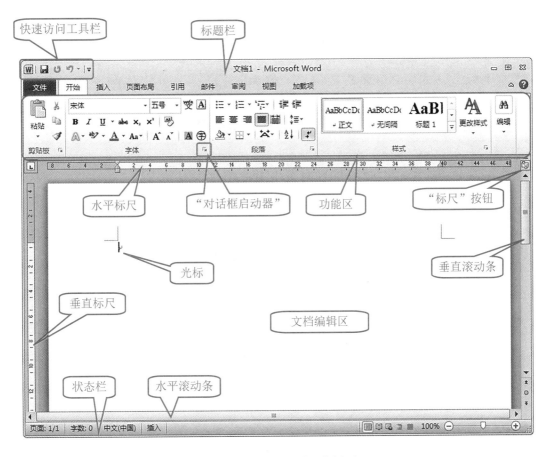

图 3-3　Word 2010 的工作界面

如图 3-3 所示，Word 2010 的工作界面包括快速访问工具栏、标题栏、功能区、编辑区和状态栏等组成元素。

快速访问工具栏：用于放置一些使用频率较高的工具。默认情况下，该工具栏包含了"保存"、"撤销"和"重复"按钮。

标题栏：标题栏位于窗口的最上方，其中显示了当前编辑的文档名、程序名和一些窗口控制按钮。其中分别单击标题栏右侧的 3 个窗口控制按钮，可将程序窗口最小化、还原或最大化、关闭。

功能区：功能区（图3-4）用选项卡的方式分类存放着编排文档时所需要的工具。单击功能区中的选项卡标签可切换到不同的选项卡，从而显示不同的工具；在每一个选项卡中，工具又被分类放置在不同的组中，如图3-3所示。某些组的右下角有一个"对话框启动器"（图3-3）按钮，单击可打开相关对话框。例如，单击"字体"组右下角的"对话框启动器"按钮，可打开"字体"对话框。

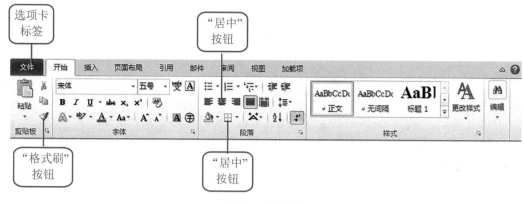

图3-4　功能区

标尺：分为水平标尺和垂直标尺，主要用于确定文档内容在纸张上的位置和设置段落缩进等。单击编辑区右上角的"标尺"按钮，可显示或隐藏标尺。

编辑区：是指水平标尺下方的空白区域，该区域是用户进行文本输入、编辑和排版的地方。在编辑区左上角有一个不停闪烁的光标，它用于定位当前的编辑位置。在编辑区中每输入一个字符，光标会自动向右移动一个位置。

滚动条：分为垂直滚动条和水平滚动条。当文档内容不能完全显示在窗口中时，可通过拖动文档编辑区下方的水平滚动条或右侧的垂直滚动条查看隐藏的内容。

状态栏：位于Word文档窗口底部，其左侧显示了当前文档的状态和相关信息，右侧显示的是视图模式切换按钮和视图显示比例调整工具。

在一个已经打开的Word文档中创建新文档（图3-3），其操作方法是在"文档1"中，单击功能区中的"文件"按钮（图3-4）。在选项卡中选择"新建"选项，在中间"可用模板"栏中选择"空白文档"，如图3-5所示，单击"创建"按钮即可再创建一个名为"文档2"的空白文档。创建文档的快速实现可以用快捷键【Ctrl+N】。创建的Word文档扩展名为"docx"。

2. 文档编辑与排版

灵活运用文档的选定、修改、复制、移动、删除等操作对文档进行合理的编辑，这是做好文字处理的前提。编辑好文档后，为了使文档更美观并且便于阅读，一般要对文档进行格式上的处理，即文档排版。文档排版主要包括文字格式与段落格式的设置、分栏与首字下沉、项目符号与编号、边框与底纹、设置页眉页脚等。对文档进行合理的修饰，使文稿变得更赏心悦目。

图 3-5　创建空白文档

3. 保存文档

保存文档是办公工作中非常重要的操作。工作中要养成随时进行保存操作的习惯，从而避免因计算机死机、意外断电等情况造成的损失。

任务实施

1. 页面设置

Word 在新建文档时，采用默认的页边距、纸型、版式等页面格式，一般为 A4 纸。用户也可以根据需要重新设置页面格式。

单击"页面布局"选项卡，单击"页面设置"选项组右下角的"对话框启动器"按钮，打开"页面设置"对话框，如图 3-6 所示。选择"页边距"标签，在"页边距"区域设置上、下边界值为 2.3 厘米，左、右边界值为 3 厘米。在"方向"区域设置纸张显示方向，在"应用于"下拉列表中选择适用范围。也可以直接在"页面设置"选项组中，设置纸张大小、页边距、纸张方向等。

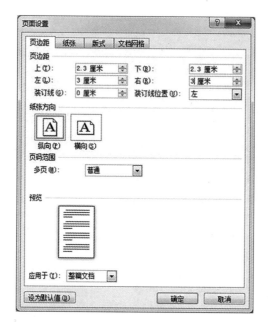

图 3-6 "页面设置"对话框

2. 字符和段落格式的设置

（1）字符格式设置。选择相应文字，在"开始"选项卡"字体"选项组内，通过"字体""字号""字体颜色"下拉列表分别设置字体、字号和字体颜色等，也可以单击"字体"选项组右下角的"对话框启动器"按钮，打开"字体"对话框，如图 3-7 所示，进行设置。另外，在对话框的"高级"标签中，可以设置字符的缩放比例、字符间距和字符位置等。

（2）段落格式设置的步骤如下：

微 课

步骤 1 选定标题段，单击"段落"选项组中的"居中"（图 3-4）按钮，设置标题居中。

步骤 2 选择标题下的文字，单击"段落"选项组右下角的"对话框启动器"按钮，打开"段落"对话框，如图 3-8 所示，选择"缩进和间距"标签，在"特殊格式"下拉列表框中选择缩进类型为"首行缩进"，在"缩进值"数字框中输入"2字符"，单击"确定"按钮。

步骤3 选定"日常饮食需要注意的方面"一段，在"段落"对话框中的"间距"区域，设置段前间距0.5行。

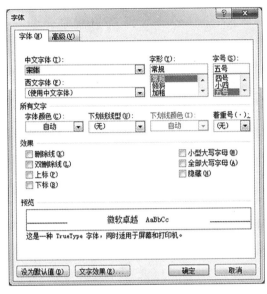

图3-7 "字体"对话框

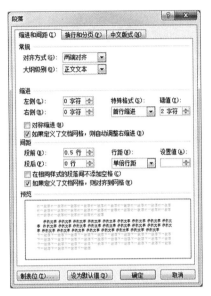

图3-8 "段落"对话框

3. 分栏和首字下沉

（1）分栏设置步骤如下：

步骤1 选定要分栏的文本，切换到"页面布局"功能选项卡，单击"页面设置"选项组中的"分栏"下拉按钮，从下拉列表中选择分栏选项即可，如图3-9所示。

步骤2 若内置选项不符合分栏要求，可以在"分栏"下拉列表中单击"更多分栏"选项，打开"分栏"对话框，如图3-10所示。在"分栏"对话框中，设置栏数为两栏、栏宽和间距默认，勾选上分隔线选项；单击"应用于"下拉列表框按钮，选择分栏设置的应用范围为"所选文字"，最后单击"确定"按钮。

微 课

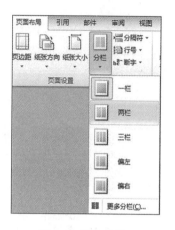

图 3-9　简单分栏

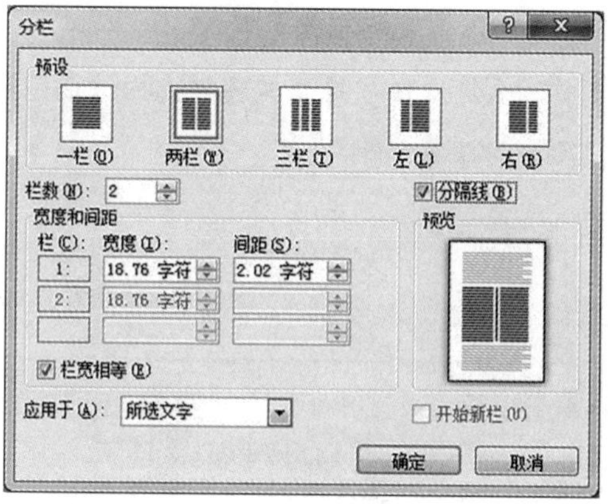

图 3-10　"分栏"对话框

（2）首字下沉的设置步骤如下：

步骤 1　将光标定位在要设置首字下沉的段落中。

步骤 2　单击"插入"功能选项卡，在"文本"选项组内单击"首字下沉"按钮，从下拉菜单中选择一种下沉方式。当鼠标指针指向"下沉"选项时，可在文档中预览效果。

步骤 3　如果要设置首字下沉的相关选项，可以单击下拉列表中的"首字下沉选项"命令，在弹出的"首字下沉"对话框中设置下沉文字的字体为"隶书"、下沉行数为 2 行，距正文 0.2 厘米，如图 3-11 所示。

图 3-11　"首字下沉"对话框

4．设置边框和底纹

为文档中的文本、段落等内容添加边框和底纹可以起到突出和强调的作用，步骤如下：

步骤 1 选定要设置边框的文字。

步骤 2 在"段落"选项组中单击"下框线"按钮（图 3-4）右侧的下拉按钮，从下拉列表中选择"边框和底纹"命令，打开"边框和底纹"对话框，选择"边框"标签，如图 3-12 所示。选择边框样式"阴影"边框、线型默认、颜色为"橙色，强调文字颜色 6，深色 50%"；"宽度"为 1.5 磅；在"应用于"列表框中设置边框的作用范围为"文字"。

步骤 3 选择"边框和底纹"对话框中的"底纹"标签，如图 3-13 所示，在"填充"区域选择"橙色，强调文字颜色 6，淡色 80%"，在"应用于"下拉列表中选择应用范围为"文字"，单击"确定"按钮。

图 3-12　设置边框

图 3-13　设置底纹

5. 添加项目符号

项目符号和编号是对文本起强调效果的符号标记，使用项目符号和编号（图 3-14），可使文档项目层次结构更加清、更加有条理。项目符号和编号的区别在于项目符号使用相同的符号，而编号使用连续的数字或字母。可以在已有文本上添加项目符号或编号，也可以在空白位置上先设置好项目符号或编号，再编辑内容，按回车键会自动在下一行出现。还可以自定义项目符号（图 3-15）。

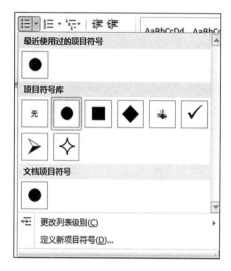

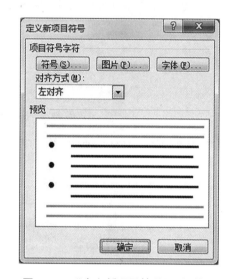

图 3-14　设置项目符号　　　　图 3-15　"定义新项目符号"对话框

步骤 1　选定要设置项目符号的内容，切换到"开始"选项卡，在"段落"选项组中单击"项目符号"下拉按钮，如图 3-14 所示，从打开的列表中选择所需的项目符号即可。

步骤 2　自定义项目符号。在打开的"项目符号"列表中单击"定义新项目符号"选项，打开"定义新项目符号"对话框，如图 3-15 所示。单击"符号"按钮，打开"符号"对话框，选择项目符号❖，最后单击"确定"按钮完成。

微课

6. 添加页眉和页脚

页眉和页脚是指在文档页面的顶端和底端重复出现的文字或图片等信息。页眉和页脚通常用于显示文档的附加信息，例如页码、日期、作者名称、章节名称等。位于页面顶端的信息称为页眉，位于页面底端的信息称为页脚，设置步骤如下：

微课

步骤 1　切换到"插入"选项卡，在"页眉和页脚"选项组中，单击"页眉"按钮，从弹出的菜单下方选择"编辑页眉"选项，进入页眉页脚编辑状态，输入内容"编辑: 李晓云"，并在"开始"选项卡里的"段落"选项组中设置页眉右对齐，如图 3-16 所示。

步骤 2　将插入点定位在页脚区，单击窗口功能区上方"页眉和页脚工具—设计"选项卡，选择"日期和时间"按钮，可以插入当前日期和时间。最后单击"关闭页眉和页脚"按钮或是直接双击文档区，退出页眉和页脚编辑状态。

图 3-16　"页眉"编辑区

7. 保存文档

当第一次保存新文档时，Word 会打开一个"另存为"对话框，如图 3-17 所示，在对话框中选择文档的保存位置 C 盘，单击"新建文件夹"按钮，创建新文件夹，命名为"Word 排版"，双击打开；在"文件名"文本框中输入文件名"健康知识简报"；在"保存类型"下拉列表中选择文档的保存类型；单击"保存"按钮。

微课

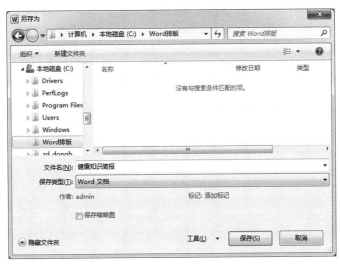

图 3-17　"另存为"对话框

Word 2010 默认保存类型为的展名为"*.docx"，为了与老版本兼容，在"保存类型"下拉列表中，也可以选择保存"Word 97-2003 文档（*.doc）"类型。在编辑过程中再次存盘时，只需单击快速访问工具栏的"保存"按钮，或是用快捷键【Ctrl+S】即可。

任务总结

（1）撤销和恢复。

撤销和恢复是为了防止用户误操作而设置的功能。撤消可以取消前一步或几步的操作，而恢复则可以取消刚做的撤消操作。单击"快速访问工具栏"中的"撤消"按钮 或用【Ctrl+Z】，"恢复"按钮 或是用【Ctrl+Y】，就可以执行撤消或恢复操作了。

（2）利用格式刷快速设置格式。

Word 提供了格式刷的功能，它可以复制文本或段落格式。利用格式刷设置格式的操作步骤如下：

步骤1　选中已设置格式的文本或段落。

步骤2　单击"剪贴板"选项组上的"格式刷"按钮（图 3-4），鼠标指针变成"格式刷"形状。

步骤3　用变成"格式刷"形状的鼠标去选取要设置格式的文本或段落，可完成文本或段落格式的复制。

如果要多次复制格式，可以双击"格式刷"按钮，复制完后，再单击"格式刷"按钮取消格式刷。

（3）查找和替换。

编辑文档的过程中，对文本进行查找和替换是编辑中最常用的操作之一。通过查找功能可以帮助用户快速查找和定位。替换在查找的基础上，将找到的内容替换成用户需要的内容。例如将文中"微博"一词替换为"微型博客"，在替换的同时将文字格式设置二号、倾斜、双下划线，如图 3-18 所示，操作步骤如下：

微　课

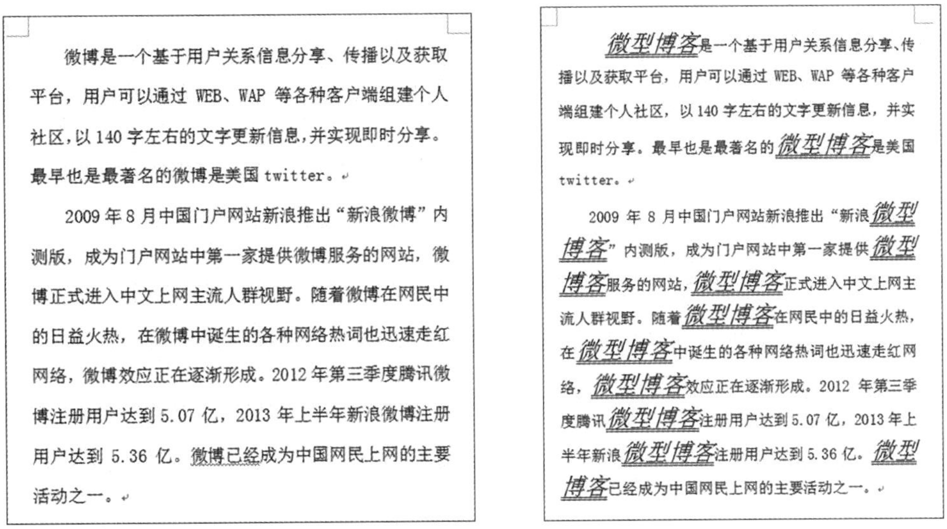

微博是一个基于用户关系信息分享、传播以及获取平台，用户可以通过 WEB、WAP 等各种客户端组建个人社区，以 140 字左右的文字更新信息，并实现即时分享。最早也是最著名的微博是美国 twitter。

2009 年 8 月中国门户网站新浪推出"新浪微博"内测版，成为门户网站中第一家提供微博服务的网站，微博正式进入中文上网主流人群视野。随着微博在网民中的日益火热，在微博中诞生的各种网络热词也迅速走红网络，微博效应正在逐渐形成。2012 年第三季度腾讯微博注册用户达到 5.07 亿，2013 年上半年新浪微博注册用户达到 5.36 亿。微博已经成为中国网民上网的主要活动之一。

*微型博客*是一个基于用户关系信息分享、传播以及获取平台，用户可以通过 WEB、WAP 等各种客户端组建个人社区，以 140 字左右的文字更新信息，并实现即时分享。最早也是最著名的*微型博客*是美国 twitter。

2009 年 8 月中国门户网站新浪推出"新浪*微型博客*"内测版，成为门户网站中第一家提供*微型博客*服务的网站，*微型博客*正式进入中文上网主流人群视野。随着*微型博客*在网民中的日益火热，在*微型博客*中诞生的各种网络热词也迅速走红网络，*微型博客*效应正在逐渐形成。2012 年第三季度腾讯*微型博客*注册用户达到 5.07 亿，2013 年上半年新浪*微型博客*注册用户达到 5.36 亿。*微型博客*已经成为中国网民上网的主要活动之一。

图 3-18　"查找和替换"原文与效果图对比

步骤 1　单击"开始"选项卡，在"编辑"选项组内选择"替换"选项，弹出"查找和替换"对话框。

步骤 2　在"查找内容"文本框中键入"微博"，在"替换为"文本框中键入"微型博客"，如图 3-19 所示。

图 3-19　"查找和替换"对话框

步骤 3　单击"更多"按钮扩展对话框，如图 3-20 所示。光标定位于"替换为"文本框，单击对话框下方的"格式"按钮，选择"字体"命令，设置字体格式为"二号、倾斜、双下划线"。最后单击"全部替换"按钮即可。如果在设置格式过程中出现错误，可以单击"不限定格式"按钮，取消原有格式重新设定。

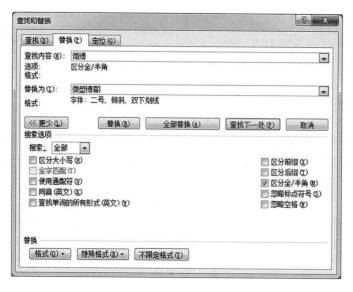

图 3-20 "查找和替换"格式设置对话框

（4）边框与底纹的类型。

将插入点定位在文档中的任意位置。选择"边框和底纹"对话框中的"页面边框"选项卡。可设置普通页面边框，也可设置"艺术型"边框。边框和底纹主要分为"文字"和"段落"两类，区别在于应用对象是段落还是文字。各类边框和底纹的效果如图 3-21所示。

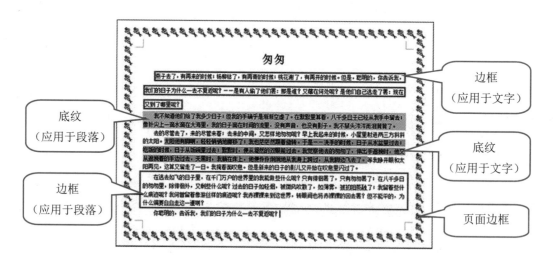

图 3-21 "边框和底纹"效果图

取消边框或底纹。先选择带边框和底纹的对象，将边框设置为"无"，底纹设置为"填充无颜色"，再在"应用于"下拉列表中选择原有应用类型，最后单击"确定"按钮。

同步训练

1．文档排版效果如图 3-22 所示。

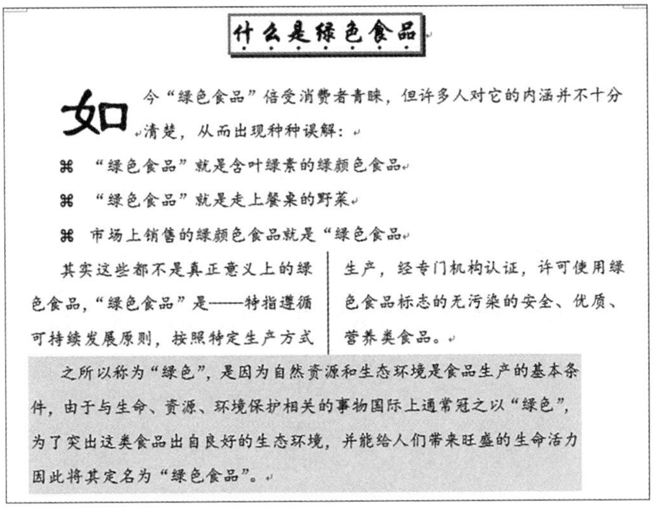

什么是绿色食品

如今“绿色食品”倍受消费者青睐，但许多人对它的内涵并不十分清楚，从而出现种种误解：

⌘ “绿色食品”就是含叶绿素的绿颜色食品

⌘ “绿色食品”就是走上餐桌的野菜

⌘ 市场上销售的绿颜色食品就是“绿色食品

其实这些都不是真正意义上的绿色食品，“绿色食品”是——特指遵循可持续发展原则，按照特定生产方式生产，经专门机构认证，许可使用绿色食品标志的无污染的安全、优质、营养类食品。

之所以称为“绿色”，是因为自然资源和生态环境是食品生产的基本条件，由于与生命、资源、环境保护相关的事物国际上通常冠之以“绿色”，为了突出这类食品出自良好的生态环境，并能给人们带来旺盛的生命活力因此将其定名为“绿色食品”。

图 3-22 文档排版效果图

（1）设置字体、字号和字形。标题华文行楷、加粗、小二号并加着重号；正文设置为楷体小四号。

（2）设置段落格式。标题居中，正文首行缩进 0.75 厘米；并设置 1.5 倍行距；最后一段右缩进 3 字符。

（3）设置项目符号。三种误解前加项目符号“⌘”。

（4）设置边框和底纹。将标题文字加绿色阴影方框，框线 2.25 磅，对最后一段设置“红色，强调文字颜色 2，淡色 80%”底纹。

（5）设置首字下沉。正文第一段首字下沉 2 行，隶书，距正文 0.2 厘米。

（6）正文倒数第二段分两栏，加分隔线。

（7）文件名为“练习 1.docx”，保存至 C 盘以自己“班级_学号”命名的文件夹中。

2．文档排版效果如图 3-23 所示。

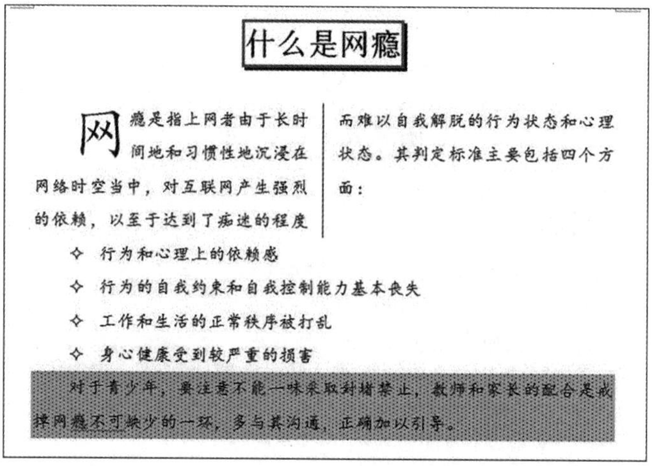

什么是网瘾

网瘾是指上网者由于长时间地和习惯性地沉浸在网络时空当中，对互联网产生强烈的依赖，以至于达到了痴迷的程度而难以自我解脱的行为状态和心理状态。其判定标准主要包括四个方面：

- ✧ 行为和心理上的依赖感
- ✧ 行为的自我约束和自我控制能力基本丧失
- ✧ 工作和生活的正常秩序被打乱
- ✧ 身心健康受到较严重的损害

对于青少年，要注意不能一味采取封堵禁止，教师和家长的配合是戒掉网瘾不可缺少的一环，多与其沟通，正确加以引导。

图 3-23　文档排版效果图

（1）设置字体、字号。标题宋体二号、加粗；正文设置为楷体小四号。

（2）设置行（段）间距。标题居中，段后 18 磅；正文首行缩进 2 字符，并设置 1.5 倍行距。

（3）设置边框和底纹。将标题文字加蓝色阴影方框、框线 2.25 磅；最后一段填充浅绿色底纹并加图案样式为 10%。

（4）分栏和首字下沉。正文第一段分两栏，加分隔线；首字下沉 2 行，楷体。

（5）设置项目符号。四种判断标准前加项目符号✧。

（6）文件名为“练习 2.docx”，保存至 C 盘以自己“班级_学号”命名的文件夹中。

3．文档排版效果如图 3-24 所示。

（1）页面设置。纸张 A4，页眉距页面顶端 1.1 厘米，左右页边距 2.5 厘米。

（2）设置字体、字号、字形。标题华文琥珀小一号，加粗并设置文本效果“渐变填充-橙色”；小标题宋体小三号，加粗；正文宋体小四号。

（3）设置字符间距位置。标题文字字符间距 2 磅。

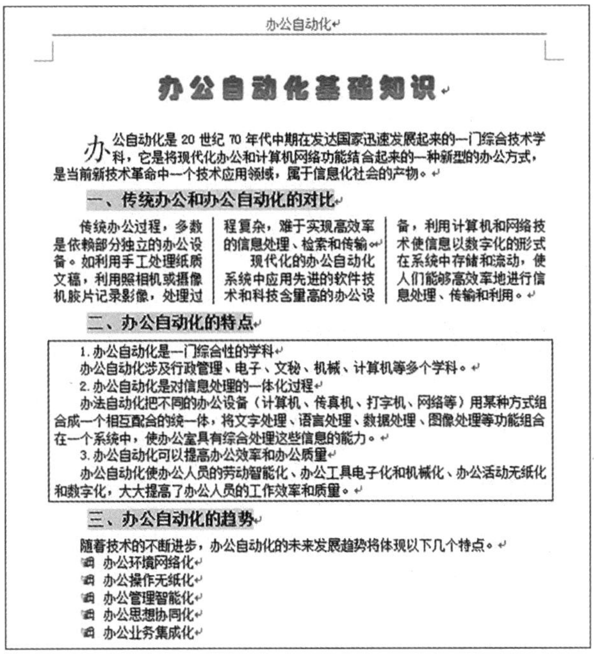

图 3-24 文档综合排版效果图

（4）设置段落格式。标题居中，正文首行缩进 2 字符，正文第一段段前间距 1 行。

（5）首字下沉。首字下沉 3 行，楷体。

（6）设置边框和底纹。小标题文字添加底纹"紫色，强调文字颜色 4，淡色 80%"，小标题二下方的段落加深蓝色 1.5 磅方框。

（7）项目符号。"办公自动化的趋势"加项目符号 ⊞。

（8）设置分栏。小标题一下的文字分三栏，添加分割线。

（9）设置页眉。插入页眉文字"办公自动化"，小四号字。

（10）给文件取名"练习 3.docx"，保存至 C 盘中以自己"班级_学号"命名的文件夹中。

任务二 图文混合排版

在文档适当地插入一些图片和图形，不仅使文档更加生动有趣，而且也增强了文档的说服力，可以使文档更形象、更美观、更丰富多彩。

任务提出

1. 标题插入艺术字

艺术字样式为"渐变填充-橙色"，字体隶书，小初号字，居中，艺术字文本效果"两端近"形。

2. 插入剪贴画

调整大小为原图片 65%，紧密型环绕方式，并放置于合适位置。

3. 插入竖排文本框

"酸性食物和碱性食物"内容插入竖排文本框，适当调整大小，环绕方式为嵌入型，填充纹理"羊皮纸"，边框黑色，线条粗细 1.5 磅，更改文本框形状为圆角矩形。

4. 绘制直线

在"通知"上方绘制直线，形状样式为"粗线，强调颜色 4"。"健康知识简报"图文混排效果图如图 3-1 所示。

任务分析

1. 插入艺术字

艺术字是文档中具有特殊效果的文字。在文档中插入艺术字不仅可以美化文档，还能够突出文档所要表达的内容。插入艺术字可选择"插入"选项卡，单击"文本"选项组中的"艺术字"按钮，从打开的艺术字库列表中选择需要的样式。编辑区将出现"请在此放置您的文字"提示框，直接输入文字即可。也可以选定文本，直接插入艺术字。

2. 插入剪贴画

在文档中插入图片，以提高文档的美观性和生动形象性。插入图片的来源可以是剪贴画或来自文件中的图片。

3. 插入竖排文本框

文本框是一种特殊的文本对象，既可以当作图形对象处理，也可以当作文本对象处理。灵活使用文本框，可以将文字、图形、图片和表格等对象在页面中方便地定位和调整。

在文档中可以插入横排文本框和竖排文本框，也可根据需要插入内置的文本框样式。竖排文本框可以使文档中部分文字改变方向，起到一种特殊的排版效果。

4. 绘制图形

文档中除了可以插入图片，还可以自己绘制图形。选择"插入"选项卡，在"插图"选项组中单击"形状"按钮，在下拉菜单中选择相应的形状。

任务实施

1. 插入艺术字

步骤1　选定标题文字，设置字体字号为隶书、小初号字，切换至"插入"选项卡，单击"文本"选项组中的"艺术字"按钮，在出现的艺术字样式库中选择"渐变填充-橙色，内部阴影"样式，如图 3-25 所示。

步骤2　选定艺术字，单击窗口功能区上方的"绘图工具-格式"选项卡，在"排列"选项组中单击"位置"按钮，在下拉菜单中选择"其他布局选项"命令，打开"布局"对话框，在"文字环绕"标签中选择"嵌入型"。单击"大小"选项组右下方的"对话框启动器"按钮，也可以打开"布局"对话框，如图 3-26 所示。

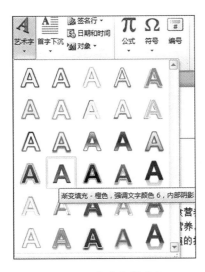

图 3-25　艺术字样式库

图 3-26　"布局"对话框

步骤3　将光标定位于"一、平衡膳食"前，按一下【Enter】键，让正文位于艺术字标题的下一行；再将光标定位于艺术字右下方回车标记位置，如图 3-27 所示，在"开始"

选项卡中的"段落"选项组中进行居中设置。

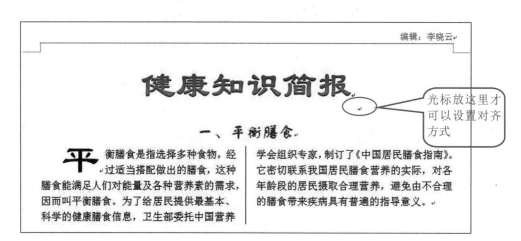

图 3-27　标题居中设置

步骤 4　选定艺术字,在"艺术字样式"选项组中,单击"文字效果"按钮,在下拉列表中选择"转换"命令,从中选择"两端近"效果,如图 3-28 所示。

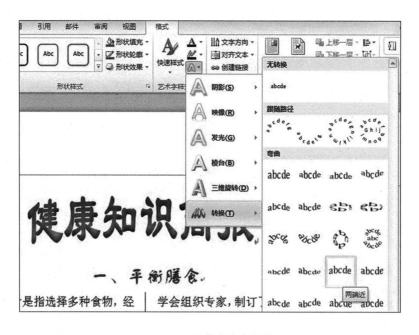

图 3-28　设置艺术字文字效果

2. 插入剪贴画

步骤 1　在文档中设置好插入点,选择"插入"选项卡,在"插图"选项组中单击

"剪贴画"按钮，窗口右侧弹出"剪贴画"任务窗格。在"搜索文字"文本框中可以输入要搜索的剪贴画信息如"食物"，在"结果类型"下拉列表中选择搜索目标的类型如"插图"，然后单击"搜索"按钮。

步骤 2　找到需要的剪贴画后，鼠标直接单击，剪贴画会插入到文档当前光标所在的位置。

步骤 3　单击"选定图片"，在功能区上方显示"图片工具-格式"选项卡，单击"大小"选项组中的对话框启动器按钮，打开"布局"对话框。在"大小"标签中调整图片缩放比例为原来的 65% 大小，如图 3-29 所示。在"文字环绕"标签中选择"紧密型"环绕方式。在"大小"选项组中也可以直接设置图片的高度和宽度，还可以对图片进行裁剪。

步骤 4　将鼠标放在剪贴画上，按下左键不松手，移动鼠标可以将剪贴画拖放至文档中的合适位置。

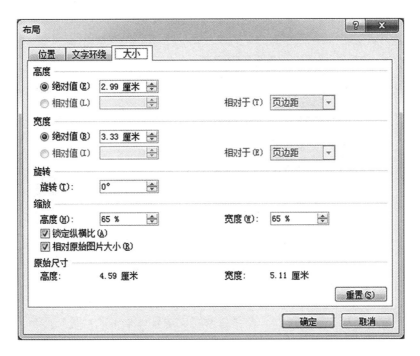

图 3-29　调整图片大小

3. 插入竖排文本框

步骤 1　选定相关文字，选择"插入"选项卡，在"文本"选项组中单击"文本框"按钮，在出现的下拉列表中选择"绘制竖排文本框"命令，插入一个"竖排文本框"。

步骤 2　将鼠标放在文本框周围的控制点上，适当调整文本框的宽度和

微　课

高度。

步骤3　选定文本框，切换"绘图工具-格式"选项卡，打开"布局"对话框，在"文字环绕"标签中选择"嵌入型"环绕方式。将文本框调整到合适位置。

步骤4　选定文本框，单击"形状样式"选项组中"形状填充"右侧的按钮，在弹出的列表中选择填充纹理为"羊皮纸"，如图3-30所示。单击"形状轮廓"右侧按钮，在弹出的列表中选择线型粗细1.5磅，颜色黑色。

步骤5　选定文本框，单击"插入形状"选项组的"编辑形状"，选择"更改形状"列表中的"圆角矩形"，如图3-31所示。

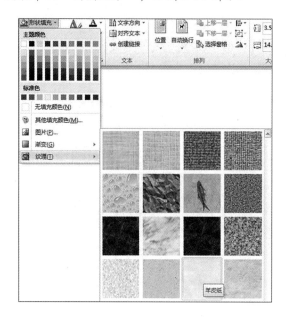

图3-30　纹理填充

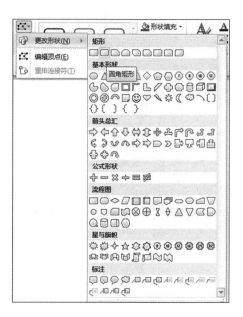

图3-31　更改文本框形状

4. 绘制直线

步骤1　选择"插入"选项卡，在"插图"选项组中单击"形状"按钮，在展开的列表中选择要绘制的形状"直线"，如图3-32所示。此时鼠标指针会变为十字形，将其移至要绘制图形的位置，按住鼠标左键并拖动，即可绘制出一条直线。

步骤2　选定绘制的直线，切换至"绘图工具-格式"选项卡，在"形状样式"选项组中选择"粗线，强调颜色4"，如图3-33所示。

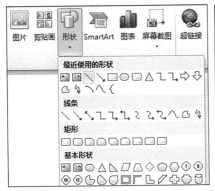 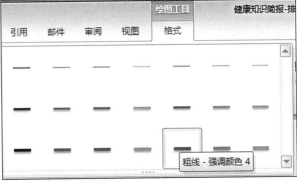

图 3-32　选择要绘制的形状　　　　图 3-33　选择绘制直线的形状样式

任务总结

（1）图片格式设置。

① 图片的插入。将插入点定位在要插入图片的位置，选择"插入"选项卡，在"插图"选项组中单击"图片"按钮，打开"插入图片"对话框。在对话框中选择图片后单击"插入"按钮，或者直接双击该图片，即将图片插入到当前光标位置。

② 裁剪图片。普通裁剪是指仅对图片的四周进行裁剪，只需要在"图片工具-格式"选项卡中单击"大小"选项组中的"裁剪"按钮，在图片的四周出现控制点，用鼠标按住控制点向内拖曳，松开鼠标裁剪完成。

Word 2010 还可以将图片裁剪成不同的形状。单击"裁剪"按钮的向下箭头，在弹出的下拉列表中选择"裁剪为形状"选项，在弹出的下一级列表中，单击"基本形状"区内的"云形"图标，图片就被裁剪为指定的形状，如图 3-34 所示。

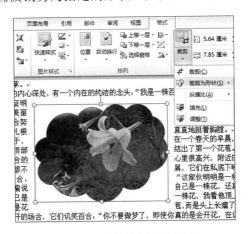

图 3-34　将图片裁剪为云形

③ 去除图片背景。选中图片，在"图片工具-格式"选项卡中，单击"调整"选项组中的"删除背景"按钮，利用鼠标对图片中的一些特殊的区域进行标记，可以消除背景。

④ 设置图片格式。鼠标右键单击图片，在快捷菜单中选择"设置图片格式"命令，或者单击"图片样式"选项组右下角对话框启动器按钮，均可以打开"设置图片格式"对话框，如图 3-35 所示。可以在对话框中对各种效果进行设置。

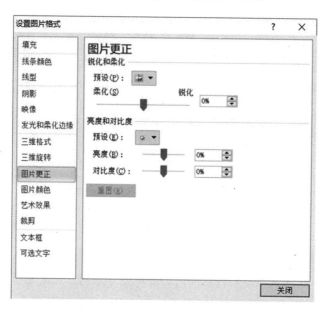

图 3-35 "设置图片格式"对话框

（2）插入 SmartArt 形状。

在编辑文档的过程中，经常在文档插入生产流程、公司组织结构图以及其他表明相互关系的流程图。在 Word 中可以通过插入 SmartArt 图形来快速绘制出此类图形。Word 2010 中提供的 SmartArt 图形类型包括"列表""流程""循环""层次结构""关系"等，还可以将插入到文档中的图片转换为 SmartArt 图形。

① 插入 SmartArt 图形。切换"插入"选项卡中的"插图"选项组中，单击"SmartArt"按钮，打开"选择 SmartArt 图形"对话框，可以选择 SmartArt 图形的类型，如"棱锥图"，然后在中间选择"基本棱锥图"布局，如图 3-36 所示。单击"确定"按钮，即可在文档中插入 SmartArt 图形。

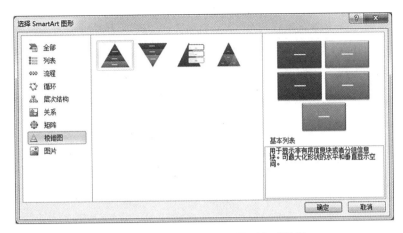

图 3-36　"选择 SmartArt 图形"对话框

② 设置和编辑 SmartArt 图形。

插入形状。切换至"SmartArt 工具-设计"选项卡，如图 3-37 所示，在"创建图形"选项组中，单击"添加形状"按钮右侧的下拉按钮，从下拉列表中选择相关命令，可以在原有 SmartArt 图形的基础上添加形状。

图 3-37　"SmartArt 工具—设计"选项卡

删除形状。选中要删除的对象，按【Delete】键或【BackSpace】键，也可以执行"剪切"命令将形状删除。

修改布局。选择 SmartArt 图形，在"设计"选项卡中单击"布局"选项组中的"其他布局"命令，可以在打开的对话框中重新选择所需的图形布局。

输入文本。单击图框，可以直接输入所需的文本；对于新添加的形状，在右键快捷菜单中选择"编辑文字"命令，就可以输入文字内容；也可以在左侧文本窗格中输入文字。

（3）设置绘制图形格式。

绘制图形时，按住【Shift】键在文档编辑区拖动鼠标，可绘制具有一定规则的图形。例如，绘制正方形或圆，还可绘制与水平线呈 45°夹角的直线或箭头。

① 叠放次序。当多个图形放置在一起时，会出现图形间的叠放次序问题，Word 默认的是先绘制的图形在下方，后绘制的图形在上方。想要改变图形叠放次序，选中图形，选择"绘图工具-格式"中"排列"选项组中的"上移一层"和"下移一层"进行设置。

② 组合。自己绘制的图形，通常需要多个图形组合在一起。可以按下【Ctrl】键或【Shift】键依次选择所要组合的对象，单击"排列"选项组中的"组合"按钮进行组合。

（4）文本框的样式。

通过绘制文本框的横排和竖排效果，不仅可以灵活地实现文档定位，而且可实现独特的排版效果，再加上设置文本框格式，从形状填充、形状轮廓、形状效果等功能的实现让文本框在排版中更具特色。可以将文本背景用图片填充，同时设置文本框颜色、阴影、三维效果等，如图 3-38 所示。文本框、艺术字、图片三者在一起制作的贺卡，实现了多种对象的混排效果，如图 3-39 所示。

图 3-38　文本框的样式

图 3-39　文本框、艺术字、图片混排

同步训练

1. 图文混排效果如图 3-40 所示。

图 3-40　图文混排效果图

（1）设置艺术字。标题"书法的意韵和旋律"设置为华文行楷，小初号，艺术字效果"渐变填充—紫色"，居中。

（2）设置文字段落格式。正文为宋体、小四号，首行缩进 2 字符，并对正文第三段分偏右两栏，加分割线。

（3）设置首字下沉。正文第一段首字下沉 3 行，字体为楷体。

（4）插入文本框。插入竖排文本框，输入文字"书法的韵律之美"，隶书，小二号；文本框外周无形状轮廓，填充"橙色，强调文字颜色 6，淡色 80%"，环绕方式四周型，调整大小并放置于文中合适位置。

（5）设置边框（底纹）。设置正文最后一段底纹填充"水绿色，强调文字颜色 5，淡色 60%"。

（6）插入图片。插入剪贴画"书本"，缩放为原图大小的 90%，紧密型环绕方式，放置于文中合适位置。

2．图文混排效果如图 3-41 所示。

图 3-41　图文混排效果图

（1）设置艺术字。标题字体为华文彩云、一号，设置为艺术字"渐变填充-蓝色，填充文字颜色 1"，居中。

（2）设置文字段落格式。正文宋体小四号，首行缩进 2 字符，正文第一段段前间距一行，对正文中倒数 2～3 段分栏，加分隔线。

（3）插入文本框。正文第三段文字加横排文本框；内部填充"百合花"图片，设置透明度 70%；文本框内字体华文琥珀，小四号，颜色为标准色紫色；边框线条颜色深蓝色，宽度 2.5 磅。

（4）插入图片。插入"百合花"图片，大小缩放为原有图片的 20%，对图片裁剪成椭圆形，紧密型环绕方式，放置于文档中合适位置。

（5）设置底纹。最后一段文字添加"橄榄色，强调文字颜色 3，深色 25%"底纹。

3．利用 SmartArt 图形制作如图 3-42 所示的流程图。

选用基本循环流程图，更改颜色为"彩色"第一个，SmartArt 样式效果为"强烈效果"。

图 3-42 "材料循环利用"流程图

任务三 制作表格

在办公应用中,表格是不可缺少的。表格在文档中不仅能够比文字更为清晰且直观地描述内容,还可以对文本信息进行定位、以方便排版。Word 2010 具有强大的表格编辑能力,用户可以轻松地在文档中创建各类美观的专业表格。

任务提出

1. 制作和编辑表格

(1)创建一个行高 0.8 厘米,列宽 2.5 厘米的 6 行 5 列的表格,整个表格居中对齐。

(2)通过合并和拆分单元格,调整表格单元格大小。

2. 表格格式化

(1)表格内容字体为宋体、小四号,"照片"为竖排文本;表格内文字中部居中对齐,底纹为"茶色,背景 2"。

(2)表格外部框线型为外粗内细的双线型,3 磅,深蓝色,第五行下框线为深蓝色 1.5 磅双实线,其他内部框线为默认线型。

制作好的报名表效果图如图 3-43 所示。

健康知识竞赛报名表

<table>
<tr><td>姓名</td><td colspan="4"></td><td>性别</td><td colspan="3"></td><td rowspan="3">照片</td></tr>
<tr><td>系别</td><td colspan="4"></td><td>出生日期</td><td colspan="3"></td></tr>
<tr><td>学号</td><td></td><td></td><td></td><td></td><td></td><td></td><td></td><td></td></tr>
<tr><td>联系电话</td><td colspan="4"></td><td>E-mail</td><td colspan="4"></td></tr>
<tr><td>选手简介</td><td colspan="9"></td></tr>
<tr><td>初赛得分</td><td colspan="4"></td><td>复赛得分</td><td colspan="4"></td></tr>
</table>

图 3-43　报名表

任务分析

1. 插入表格

根据表格的行列结构，可以将表格分为规则型表格和不规则型表格。通过插入表格的操作，用户可以创建出规则型表格。通过合并拆分等操作，可以将规则型表格变成不规则型。

合并单元格是将选定的多个连续单元格，合并为一个单元格。拆分单元格是将选定的单元格拆分成多行或多列。

2. 选定表格

要对表格进行操作，首先要选定表格对象：单元格、行、列或整个表格。

（1）选定单元格。鼠标指向单元格的左侧，指针变成时单击。

（2）选定行。鼠标指向行左侧，指针变成时单击。

（3）选定列。鼠标指向列上边界，指针变成时单击。

（4）选定整个表格。选中整行或整列后鼠标拖曳选中整个表格，或将鼠标定位在单元格中，表格左上角出现移动控制点时，单击控制点。

3. 编辑表格

当创建完表格后，如果表格不合适，可以对表格进行编辑操作，如调整列宽、行高，增加或删除行或列等。

选定表格或单元格后，在“表格工具”中单击“布局”选项卡，如图 3-44 所示，从各表格编辑功能组中选择相应的命令。

图 3-44 "表格工具"的"布局"选项卡

4. 设置表格格式

表格编辑完成后，还需要对表格进行格式化，一般表格默认框线是 0.5 磅黑色单实线。除了应用表格样式外，还可以自己设置表格的边框和底纹，以达到美化的效果。

任务实施

1. 插入表格

微 课

在表格标题"健康知识竞赛报名表"下方设置好插入点，切换至"插入"选项卡，单击"表格"选项组中的"表格"按钮，选择"插入表格"命令，可以打开"插入表格"对话框，输入行数 6 行和列数 5 列，"自动调整"操作项选择"固定列宽"，如图 3-45 所示，单击"确定"按钮。

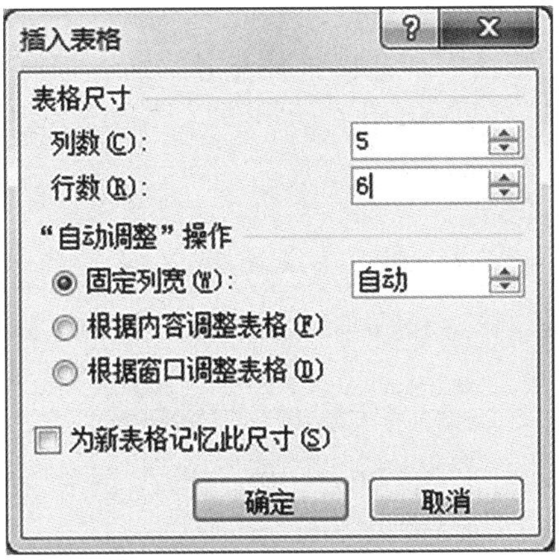

图 3-45 "插入表格"对话框

2. 编辑表格

步骤 1 选中整个表格，在"表格工具-布局"选项卡中的"表"选项组中单击"属

微 课

性"按钮，或者单击"单元格大小"选项组右下角对话框启动器，弹出"表格属性"对话框，设置行高 0.8 厘米和列宽 2.5 厘米；或者直接在"单元格大小"选项组中直接设置行高和列宽。如图 3-46 所示。

步骤 2　选定整个表格，单击"开始"选项卡中的"居中"按钮，对表格进行居中对齐，或者在"表格属性"对话框中的"表格"选项卡中设置表格的对齐方式，如图 3-47 所示。

图 3-46　利用"表格属性"设置行高列宽　　　图 3-47　利用"表格属性"设置表格居中

步骤 3　选定表格第五列前三行的单元格，在"布局"选项卡的"合并"选项组中，单击"合并单元格"按钮，对三个单元格进行合并，生成"照片"单元格。

步骤 4　选定表格第三行中的第二至四单元格，单击"合并"选项组中的"拆分单元格"按钮，弹出的如图 3-48 所示的"拆分单元格"对话框，勾选上"拆分前合并单元格"复选框，设置拆分的行数为 1，列数为 9，生成放置"学号"的单元格，单击"确定"按钮。分别选定表格的第四行到第六行的相应单元格，根据实际需要进行合并或拆分单元格。

图 3-48　"拆分单元格"对话框

步骤 5　局部调整某个单元格的宽度，可先选定该单元格。例如，选定表格的第一行第三个单元格，将鼠标放在此单元格的右边框处，当鼠标指针变成一个双向箭头时，按下左键拖动鼠标，调整此单元格的宽度到合适位置。

编辑后的表格效果如图 3-49 所示。

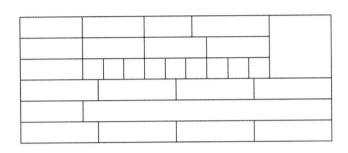

图 3-49　拆分合并单元格后的表格

3. 设置表格格式

步骤 1　在表格中输入文字内容，选中表格中的文字，设置字体为宋体，字号为小四号。选定"照片"单元格，在"表格工具-布局"选项卡中的"对齐方式"选项组，单击"文字方向"按钮，可以将单元格内文本改为竖排文本。选定表格在"对齐方式"选项组中设置"水平居中"对齐。也可以在右键快捷菜单中设置文字方向和对齐。

微 课

步骤 2　选定整个表格，切换到"表格工具-设计"选项卡中，在"绘图边框"选项组中的"笔样式"下拉列表中选择"外粗内细"的双线型，在"笔划粗细"下拉列表中选择3 磅，在"笔颜色"下拉列表中选择"深蓝色"，然后单击"表格样式"选项组中的"边框"按钮，从下拉列表中选择"外侧框线"，即可完成设置，如图 3-50 所示。

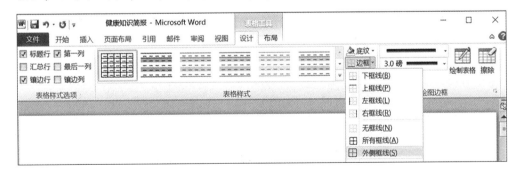

图 3-50　设置表格边框

步骤 3　选定表格第五行，在"笔样式"下拉列表中选择双线型，颜色深蓝色，粗细1.5 磅，单击"表格样式"选项组中的"边框"按钮，从下拉列表中选择"下框线"即可。

步骤4 选定选择需要设置底纹的单元格，单击"表格样式"选项组中的"底纹"按钮，从弹出的颜色选项中选择"茶色，背景2"。

任务总结

（1）文本转换为表格。

已有的文本想转换成表格，可以先选中文本，单击"表格"按钮在下拉菜单中选择"文本转换成表格"命令，出现"文本转换成表格"对话框，如图3-51所示，在对话框中进行相关设置，然后单击"确定"按钮，效果如图3-52所示。需要注意的是文本在输入时，每行各列数据之间要用空格、制表符、回车等分隔符分隔。

图3-51 "文本转换成表格"对话框

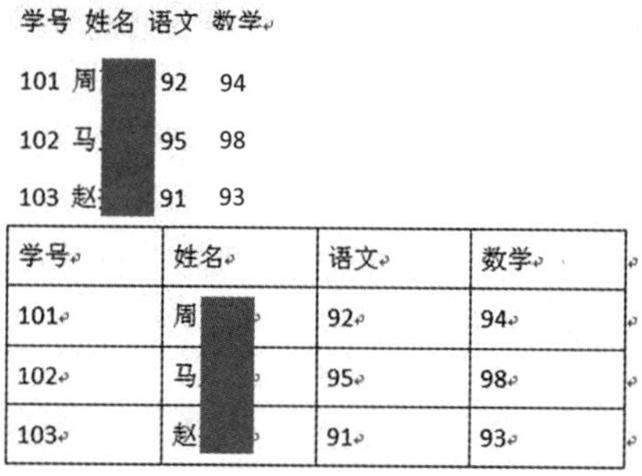

图3-52 文本转换成表格效果图

（2）快速应用表格样式。

Word 2010提供了丰富的表格样式库，可以利用它设置表格的样式，如将阴影、边框、底纹等格式元素应用于表格。将插入点置于表格中，在"表格工具—设计"选项卡的"表格样式"选项组中选择一种样式即可，如图3-53所示。

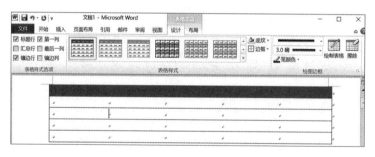

图3-53 应用表格样式

同步训练

1. 制作个人简历表，如图 3-54 所示。

个人简历表

姓名		性别		出生年月		照片
民族		籍贯		政治面貌		
学历		专业		外语水平		
通信地址				邮政编码		
E-mail				联系电话		
应聘职位						
教育情况		时间		学校		

图 3-54　个人简历表

2. 制作学习情况分析表，如图 3-55 所示。

文档排版知识点	掌握情况			自我评价
	通过自学完成	通过帮助完成	未能完成	
字符格式设置				
段落格式设置				
项目符号和编号				
添加边框和底纹				
首字下沉				
课堂小结				

图 3-55　学习情况分析表

（1）插入 8 行 5 列的表格，表格行高 1 厘米，第 1 列 3.5 厘米，其余列宽 2.7 厘米。

（2）适当调整表格单元格大小，整个表格居中。

（3）表格内容字体为宋体、小四号，中部居中对齐，底纹为"水绿色，强调文字颜色 5，淡色 40%"。

（4）表格外部框线为双线型，1.5 磅，黑色，最后一行上框线为黑色 1.5 磅双实线，其他内部框线为默认线型。

3．制作读者目录表格，如图 3-56 所示。

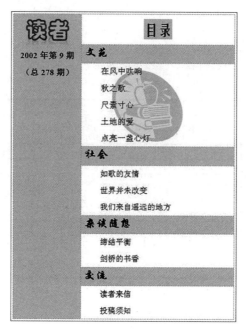

图 3-56　"读者"目录表格

（1）插入一个 9 行 2 列的表格，适当调整单元格大小。

（2）"读者"二字设置为华文彩云、初号、加粗、文字效果为"渐变填充-紫色"，靠上居中对齐；"读者"下方文字为宋体三号加粗；"目录"方正姚体一号加 20%图案样式，水平居中；小标题为华文行楷二号加粗；其余文字宋体三号，首行缩进 2 字符。

（3）单元格加 20%图案样式的底纹，设置为无框线。

（4）插入剪贴画，设置颜色效果为"冲蚀"，环绕方式"衬于文字下方"。

*任务四　长文档排版

本任务通过对 Word 文档章节分页排版，来实现类似毕业论文、技术报告等文档的排版。其中包含的知识点有：内容的分页和分节、页眉页脚的设置、文档样式的应用、目录的生成。需要排版的论文由封面、摘要、目录、正文几部分构成，属于层次比较复杂的长文档，排版格式也有严格的统一要求。

任务提出

设计毕业论文排版要求：封面、摘要、目录页面上没有页眉和页码；正文页面上有页眉，并且页码为 1、2……阿拉伯数字格式。本任务最终完成的效果，如图 3-57 所示。

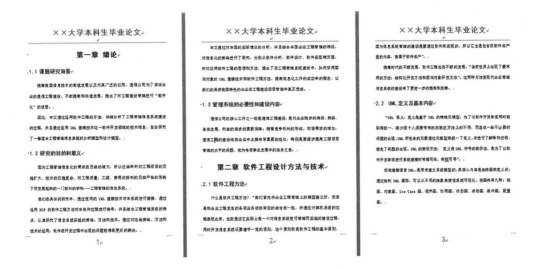

图 3-57　"毕业论文排版"实现效果图

1. 页面设置

纸张大小设置为 A4，调整页边距上下均为 2.8 厘米、左右均为 2 厘米，页眉和页脚距边界分别设置为 1.8 厘米和 1.5 厘米。

2. 插入分页符和分节符

插入分页符实现封面、摘要和目录各自独立占据一页；插入分节符，将论文分成两节，封面、摘要和目录为第 1 节，正文为第 2 节。

3. 设置页码、页眉和页脚

在不同的节中，分别设置页眉和页脚，在第 2 节正文的页眉处输入文字"××大学本科生毕业论文"，居中对齐；在第 2 节正文的页脚处插入页码，居中对齐。

4. 打印预览与调整显示比例

先使用打印预览功能查看打印效果，避免打印失误造成不必要的浪费。注意调整显示比例。

5. 应用样式

将正文的各个标题设成两个标题级别：1级标题和2级标题。

6. 生成目录

将两级标题生成两级目录，目录的每项要显示其所在页码。

任务分析

1. 分页符和分节符

分页符是人工插入的强行分页功能，分节符是将文档分为若干不同性质的节。使用分页符和分节符处理 Word 文档章节排版，其中分页符可以使文档从插入分页符的位置强制分页，而分节符不仅可以分页，还可以分隔两节的版面格式。例如，不同的页面设置、不同的页眉页脚和页码。分页符的快捷键是【Ctrl+Enter】。

文档页面页边距的顶部区域是页眉，底部区域是页脚。对于论文这样的长文档，如果直接设置页眉页脚，则全文每一页上的页眉页脚都是一致的，但如果想要不同的页眉和页脚，就需要通过设置不同的节来完成，如图 3-58 所示。

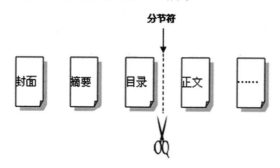

图 3-58 插入"分节符"位置图

2. 应用样式和生成目录

样式是一系列格式的集合，使用它可以快速统一或更新文档的格式，这其中包括段落样式、字符样式。对于长文档，需要创建目录，Word 具有自动生成目录的功能，在创建目录之前，需要先为要提取为目录的标题设置标题级别，并且要为文档添加页码。

在 Word 中主要有 3 种设置标题级别的方法：利用大纲视图设置，应用系统内置的标题样式（在"样式"选项组中选择）及在"段落"对话框的"大纲级别"下拉列表中选择。

3. 大纲视图

使用大纲视图可以迅速地建立和了解文档的结构，可以清晰地显示文档的各级结构，并可以调整各层级别。需要时还可以将一些标题和正文暂时隐藏，只突出显示总体结构。

任务实施

1. 页面设置

步骤 1 选择"页面布局"选项卡，单击"页面设置"选项组右下角的"对话框启动器"按钮，打开"页面设置"对话框。选择"纸张"选项卡，在"纸型"下拉列表框中，选择"A4"（Word 默认的纸张大小为 A4）。

步骤 2 选择"页边距"选项卡，设置上：2.8 厘米，下：2.8 厘米，左：2 厘米，右：2 厘米。

步骤 3 选择"版式"选项卡，将页眉页脚距边界分别设为 1.8 厘米和 1.5 厘米。

2. 插入分页符、分节符

步骤 1 将光标定位在封面内容的后面，按【Ctrl+Enter】使摘要文本强行分到下一页，再将光标定位在摘要的后面，按【Ctrl+Enter】使正文强行分到下一页。在"插入"选项卡中，选择"页"选项组，单击"分页"按钮，也可以进行分页。

微 课

步骤 2 将光标定位在正文"第一章 绪论"的起始位置，选择"页面布局"选项卡，选择"页面设置"选项组中的"分隔符"选项如图 3-59 所示。

图 3-59 "页面设置"选项组

步骤 3 单击其右边的下拉按钮，打开"分隔符"选项列表，分为"分页符、分节符"两种类型。选择"分节符"类型中的"下一页"，如图 3-60 所示。这时就在正文的前面插入了一个"分节符"，如图 3-61 所示。这样全文就被分节符分成了两部分：封面+摘要+目录、正文。

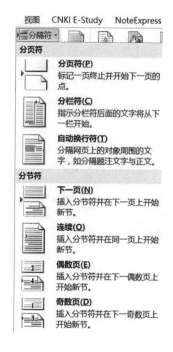

图 3-60 "分隔符"选项列表

-----------------分节符(下一页)-----------------

图 3-61 "分节符"标记

要想查看文档中分节符标记，也可在"视图"选项卡中的"文档视图"选项组里选择"草稿"。

3. 插入页码、页眉和页脚

步骤1 将光标定位在"第一章 绪论"页，选择"插入"选项卡，单击"页眉和页脚"选项组中的"页码"，在"下拉列表"中，选择"设置页码格式"，打开"页码格式"对话框，"编号格式"为阿拉伯数字"1，2，3……"，页码编号选择"起始页码"为1，如图 3-62 所示，设置完成后单击"确定"按钮。

微 课

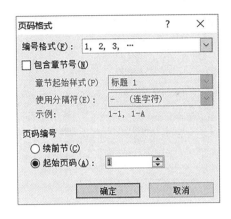

图 3-62 "页码格式"对话框

步骤 2 单击"页眉和页脚"选项组中的"页码",在"下拉列表"中,选择单击"页码底端"选项,在它的下一级列表中选择"简单,普通数字 2"居中位置。

步骤 3 这时一定要取消封面、摘要、目录页的页码,方法是:单击"页眉和页脚工具-设计"选项卡中的"链接到前一条页眉"按钮,让此按钮弹起,如图 3-63 所示,然后单击"上一节",这时光标进入到了第 1 节的页码处,将此处的页码删除掉即可。

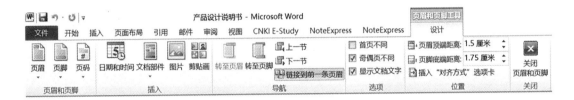

图 3-63 "页眉和页脚工具-设计"选项卡

步骤 4 双击正文区回到正文中,光标仍然定位于"第一章 绪论"页,选择"插入"选项卡,单击"页眉和页脚"选项组中的"页眉"按钮,"在打开的列表中选择"编辑页眉"项。

开始编辑页眉,这时一定要保持"链接到前一条页眉"按钮是弹起状,然后再输入页眉文字"XX 大学本科生毕业论文",对齐方式为"居中",宋体、加粗、四号。设置字体格式、段落格式的方法同正文设置方法一样。

4. 设置打印预览与显示比例

长文档页面设置完成后,要想查看整个排版布局,可以通过设置显示比例来观看,方法是选择"视图"选项卡中的"显示比例"选项,打开"显示比例"对话框,可以直接选给定的比例也可在"百分比"后面的调整框中设置需要的比例值,如图 3-64 所示。

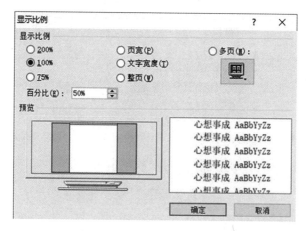

图 3-64　"显示比例"对话框

打印效果是否与预想的一样，可以通过打印预览，在屏幕上观看打印效果，若不满意还可以对文档进行修改。打印预览可选择"文件"选项卡中的"打印"选项，右下角有放大缩小的按钮，可以调整显示比例。

5. 标题应用样式

长文档的特点是内容多，格式复杂，在设置中容易出错，通过使用 Word 中的大纲视图来查看已生成的样式，来发现问题、解决问题。利用大纲视图创建论文结构。

微　课

步骤 1　选择"视图"选项卡，单击"文档视图"选项组中的"大纲视图"选项，如图 3-65 所示。

步骤 2　文档转换到大纲视图后，在窗口上方显示了"大纲工具"选项组，如图 3-66 所示。针对论文中的标题来设定级别，最高级为 1 级，如想设为 2 级，可以通过降级按钮进行改变；反之，升级按钮可以升级，也可以通过级别的下拉列表进行选择。单击符号，展开所选项目，再次单击符号，折叠所选项目。

图 3-65　"大纲视图"

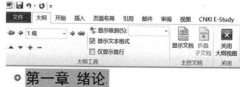

图 3-66　"大纲工具"

针对本任务，光标放在章标题"第一章　绪论"上，在"大纲工具"选项组中，打开

"大纲级别"下拉列表，选择1级，光标放在1.1节标题上，选择2级。

6. 自动生成目录

将全文各级标题都设置好后，就可以利用 Word 的"索引与目录"命令自动生成目录，操作步骤如下：

步骤1　生成目录。将光标定位在将要生成目录的位置（目录页），一般在论文正文的前面。选择"引用"选项卡，单击"目录"选项组中的"目录"选项，打开下拉列表，选择"内置，自动目录1"，如图3-67所示，文档中即刻插入了自动生成的目录。

微　课

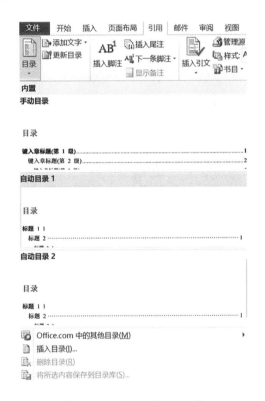

图 3-67　"目录样式"列表

步骤2　目录更新。如果标题样式有更改，正文内容有增减，导致文档的内容有了变化，并导致页码发生了改变，这时目录就要更新，目录中的相关内容也随着目录的更新而改变。

在目录区域上单击鼠标，其左上方出现"更新目录…"图标；单击"更新目录…"，出现"更新目录"对话框，如图3-68所示。如果只是文章中的正文变化了，则选择"只更新页码"；如果标题也有变化，则选择"更新整个目录"，最后单击"确定"按钮，即可自动更新目录。或者用鼠标右键单击目录区，在弹出的快捷菜单中选择"更新域"选项进行选择。

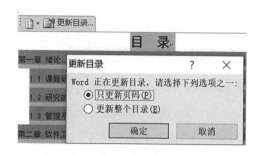

图 3-68 "更新目录…"图标及对话框

任务总结

（1）分节符的类型。

分节符有 4 种类型，下一页，连续、偶数页、奇数页。

① 下一页：分节符后的文档从下一页开始显示，即分节同时分页。

② 连续：分节符后的文档与分节符前的文档在同一页显示，即分节但不分页。

③ 偶数页：分节符后的文档从下一个偶数页开始显示。

④ 奇数页：分节符后的文档从下一个奇数页开始显示。

在文档中显示分节符的方法：在"文件"菜单中选择"选项"进入 Word 选项，在"显示"选项卡中将"显示所有格式标记"前面复选框钩选上，使分节符都显示出来。

分节符删除的方法：在分节符显示出来时，将光标放在分节符左侧，按键盘上的【Delete】键即可删除。

（2）删除页眉横线的方法。

页眉一旦启用，Word 会默认产生一条页眉横线，但有时候我们不需要这条横线，要想删除页眉中的这条横线的方法有多种，下面用设置无边框线的方法来实现。

微 课

双击页眉，进入页眉的编辑状态，选中整个页眉段落，或当光标定位于页眉区域时，按【Ctrl+A】组合键执行全选，单击"开始"→"段落"选项组→"边框"，打开"边框和底纹"对话框，在"边框"选项卡中选择"无边框"按钮，"应用于"选择"段落"，即可将页眉的横线取消。

（3）文档的跟踪和跳转。

在默认情况下，目录生成后，可以利用目录和正文的关联进行跟踪和跳转，此时要按住【Ctrl】键单击目录中的某个标题，如图 3-69 所示，就能跳转到正文相应的位置。还可以利用"导航窗格"实现文档的跟踪和跳转，选择"视图"选项卡，单击"显示"选项组中的"导航窗格"复选框，这时在编辑区的左侧出现一个类似于网页导航栏的树状结构目录，如图 3-70 所示，单击结构图中的目录，方便文档内容的切换。

图 3-69　目录中利用 Ctrl 键跟踪链接　　　　图 3-70　网页导航栏的树状结构目录

（4）文章字数统计。

选择"审阅"选项卡，在"校对"选项组中单击"字数统计"选项，打开"字数统计"对话框，如图 3-71 所示，统计信息分类明确、内容详细。其中，字符数（不计空格）计算方法是：中文一个字算一个字符，非中文单词一个字母算一个字符，数字中一个数码算一个字符；字符数（计空格）中的空格是以文档中的空格来计数的，首行缩进以外的空格不计；段落数是以有字的且有回车符为准计数；行数是以有字的行数计数的，有回车符但没有字的空行不计数。如果需要统计文档中某一段或某一部分的字数，可以先选定要统计字数的文档，再执行命令。

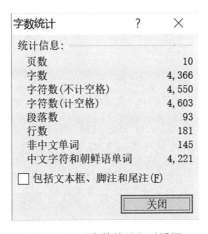

图 3-71　"字数统计"对话框

同步训练

对长文档进行页面设置，设置效果如图 3-72 所示。

图 3-72　奇偶页不同页眉的排版效果

（1）页面设置。"纸张大小"设置为"A4"。

（2）分节设置。将论文分成两节，封面、目录为第一节，正文为第二节。

（3）正文插入页码、奇偶页眉。页码为 1、2……数字格式、居中；奇页眉"设计题目及其说明"，左对齐；偶页眉"××研究所"、右对齐"，页眉文字黑体、四号、居中。

（4）设置应用样式。1 级样式宋体二号、2 级样式宋体三号。

（5）生成目录设置。对已设置好的标题进行自动创建目录。

（6）打印预览，调整好显示比例。

*任务五　邮件合并

在日常办公过程中，经常需要制作各种各样的调查表、邀请函、通知单等，这些资料一般都使用相同格式，内容一致，只是姓名、数据等有所变化。如果通过人工来完成，即烦琐又容易出错，利用 Word 的"邮件合并"功能，就能快速、轻松地解决这项工作，而且能减少很多重复劳动。"邮件合并"功能除了可以批量制作信函、信封等与邮件相关的文档外，还可以轻松地批量制作成绩单、准考证和工资条等。

任务提出

对院校来说，每学期期末都要求根据"学生各科成绩表"，给每位同学发放"成绩单"。本任务就是要完成制作学生成绩单的工作，利用 Word"邮件合并"功能，解决"学生成绩单"的批量生成，以及打印、发送问题。制作需要 3 个过程来完成：创建数据源、制作主文档、合并文档。

1. 创建数据源

制作 Word 表格"学生各科成绩表"，并保存文件"数据源.docx"作为数据源。

2. 制作主文档

新建 Word 文档，制作一个成绩单信函，设计好版面，并保存文件"主文档.docx"作为主文档。

3. 合并文档

利用邮件合并功能，将"学生各科成绩表"中的学生姓名、学号、各科成绩的数据合并到成绩单信函中，最后将合并后生成的新文档"另存为"："成绩单.docx"。邮件合并的预览效果如图 3-73 所示。

图 3-73　邮件合并的预览效果

任务分析

"邮件合并"是指在邮件文档中合并一组信息数据，从而批量生成需要的邮件文档。执行邮件合并操作，涉及两个文档：主文档文件和数据源文件。主文档是邮件合并内容中固定不变的信息部分，即成绩单中通用的部分，类似于模板。数据源文件是所有收件人的姓名、学号和各科成绩，即变化的信息部分，一般为 Word 表格、Excel 表格等。

利用邮件合并工具，将数据源内的数据合并到主文档中，得到目标文档。合并完成的文档的份数取决于数据表中记录的条数。

任务实施

1. 创建数据源

新建 Word 文档，创建"成绩表"，如表 3-1 所示。文档存放位置："本地磁盘(D:)\邮件合并"，文件名为"数据源.docx"。

表 3-1 创建数据源"成绩表"

姓名	学号	人力资源	公共关系	英语听力
郭××	1410901	92	90	84
马××	1410902	85	81	69
袁××	1410903	89	78	65

2. 制作主文档

新建 Word 文档，制作"成绩单"模板，如表 3-2 所示。文档存放位置："本地磁盘(D:)\邮件合并"，文件名为"主文档.docx"。

表 3-2 制作主文档"成绩单"

成 绩 单

同学你好！

现将本学期期末成绩单发给你，请查收，谢谢。

姓名	学号	人力资源	公共关系	英语听力

学院教务处
2018.7.10

3. 合并文档

步骤 1 打开已创建的主文档"主文档.docx"，单击"邮件"选项卡的"开始邮件合并"按钮，选择"普通 Word 文档"。在展开的列表中可看到"普通 Word 文档"选项前的图标是高亮显示，表示当前编辑的主文档类型为普通 Word 文档，这是 Word 2010 默认选择，如图 3-74 所示。

微 课

步骤 2 单击"邮件"选项卡的"选择收件人"按钮，选择"使用现有列表"命令，如图 3-75 所示。

图 3-74 邮件合并中选择文档类型   图 3-75 选择使用现有列表

步骤 3 弹出"选取数据源"对话框，选择"数据源"文件，如图 3-76 所示。在 D 盘打开"邮件合并"文件夹，选中文件"数据源.docx"，然后单击"打开"按钮。

图 3-76 "选取数据源"对话框

步骤 4 将光标放置在"主文档"中第一处要插入合并域的位置，即"同学"二字的左侧，然后单击"插入合并域"按钮，在展开的列表中选择要插入的域——"姓名"，用同样的方法，插入"学号""人力资源""公共关系""英语听力"，效果如图 3-77 所示。

成绩单

《姓名》同学你好!

现将本学期期末成绩单发给你,请查收,谢谢。

姓名	学号	人力资源	公共关系	英语听力
《姓名》	《学号》	《人力资源》	《公共关系》	《英语听力》

学院教务处

2018.7.10

图 3-77 插入"匹配域"文档效果

步骤 5 预览邮件合并的效果。单击"邮件"选项卡中"预览结果"按钮,显示邮件如图 3-78 所示。可以看到第一个同学的成绩单,再单击"预览结果"按钮返回。

成绩单

李萍萍同学你好!

现将本学期期末成绩单发给你,请查收,谢谢。

姓名	学号	人力资源	公共关系	英语听力
李××	1410901	92	90	84

学院教务处

2018.7.10

图 3-78 邮件合并的预览效果

步骤 6 单击"完成"选项组中的"完成并合并"按钮,在展开的列表中选择"编辑单个文档"选项,如图 3-79 所示,出现"合并到新文档"对话框,选择"全部"单选按钮,然后单击"确定"按钮,如图 3-80 所示。

图 3-79　"完成并合并"列表　　　　图 3-80　"合并到新文档"对话框

步骤 7　Word 将根据设置自动合并文档并将产生的邮件存放到一个新文档中，另存为"成绩单.docx"。其预览效果如图 3-73 所示。

任务总结

（1）Word 域。

"Word 域"是一种特殊的代码，用于指示 Word 在文档中插入某些特定的内容，或者完成某个自动功能。域的好处是可以根据文档的改动而自动更新。例如，前面长文档的目录生成后可以自动更新，本任务中的合并域，可以自动插入相应的数据。正确地使用域，不仅可以方便快速地完成任务，而且能保证正确的结果。

带有合并域的文档里面包含了有数据源信息，所以在下一次打开使用时，一定要保证数据源信息，如 "本地磁盘(D:)\邮件合并"中放置的"数据表.doc"文件仍然存在，否则下次就不能改变合并域的内容了。生成的成绩单文档是合并后的结果，里面已不包含域的内容，对它进行修改无效。

（2）邮件合并分步向导。

本任务是使用"邮件合并工具栏"来完成这个任务。除了"邮件合并工具栏"外，还可以利用邮件合并向导来完成。

选择"邮件"选项卡，单击"开始邮件合并"，在展开的列表中选择"邮件合并分步向导"命令，在窗口右侧，出现邮件合并向导的 6 个步骤。

步骤 1　选择文档类型。选择"信函"，单击"下一步"。

步骤 2　选择开始文档。选择"使用当前文档"，单击"下一步"。

步骤 3　选择收件人。选择"使用现有列表"，并单击"浏览"，弹出

微　课

"选取数据源"对话框，选择数据存放位置，"本地磁盘(D:)\邮件合并"，文件名为"数据源.docx"。选中文件，单击"打开"按钮。打开"邮件合并收件人"对话框，单击"确定"按钮。

步骤4 撰写信函。先将光标定位在开始（即图中"姓名"出现的位置）。再选择"撰写信函"的"其他项目"，弹出"插入合并域"对话框，选择"姓名"，并单击"插入"按钮，就可将收件人的姓名信息插入到信函中。其他"学号"域、"人力资源"域等的插入方法相同。单击"下一步"按钮。

步骤5 预览信函。这时在文档中能够预览插入合并域后的信函效果。单击右方向箭头按钮，可以预览下一个信函；单击左方向箭头按钮，可以回看上一个信函。

步骤6 完成合并。选择"编辑个人信函"，弹出"合并到新文档"对话框，选择"全部"，并单击"确定"按钮。在新文档中将生成合并后的所有信函，邮件合并完成。

同步训练

1．利用邮件合并功能制作学生奖状。

某学院的书画协会举办了一届绘画作品比赛，最后的获奖名单如表 3-3 所示，利用邮件合并功能，制作每位获奖学生的奖状，制作效果如图 3-81 所示。

表 3-3 获奖名单

姓名	所在学院	作品名称	获奖级别
郭××	商学院	美丽校园	一等奖
马××	软件学院	梧桐树	二等奖
袁××	艺术学院	天鹅	二等奖
陈××	护理学院	白衣天使	三等奖

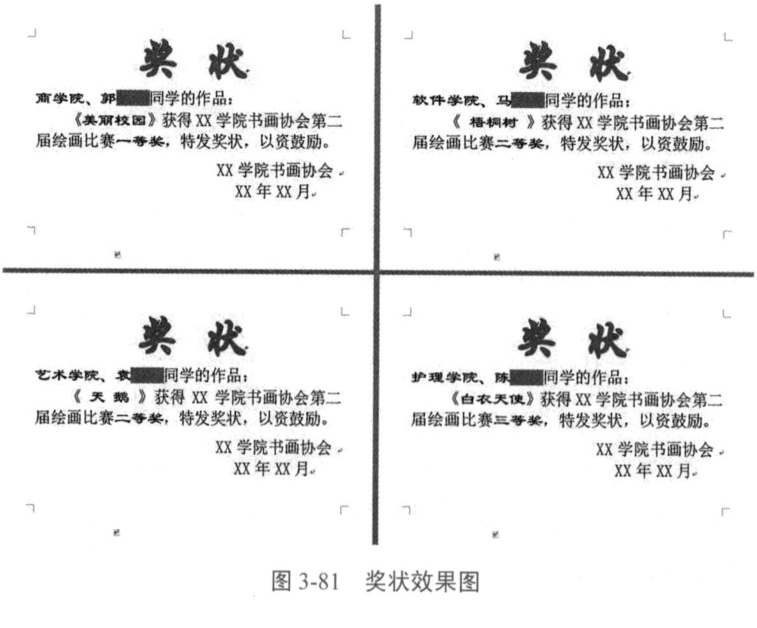

图 3-81 奖状效果图

2．利用邮件合并功能制作学生录取通知书。

利用邮件合并功能，制作某学院新生每位学生的录取通知书，制作效果如图 3-82 所示。某学院新生录取学生名单，如表 3-4 所示。

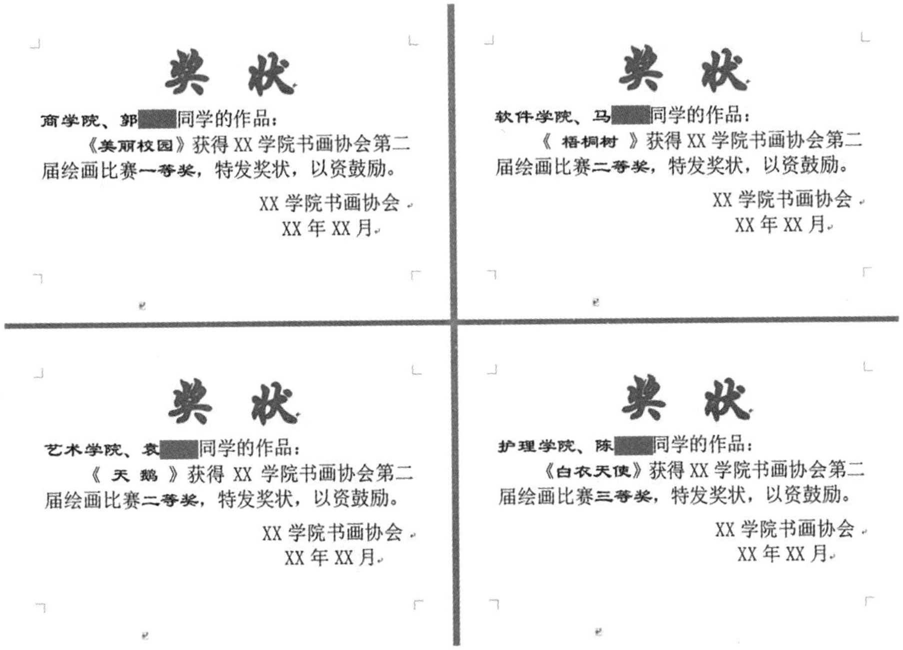

图 3-82 录取通知书效果图

表 3-4 录取学生名单

准考证号	录取学院	录取专业
1822001	管理学院	土木工程
1814056	外语学院	商务英语
1833079	软件学院	软件工程
1853243	商学院	旅游管理

项目总结

本项目首先从最基本的新建、编辑、保存文档开始，到实现对文档的排版，包括文字格式、段落格式、边框底纹、项目符号和编号等的设置，通过页面设置、分栏和页眉页脚的设置实现了对文本外观的处理。为使文档更形象、更美观、在此基础上进一步图文混排，利用 Word 的表格功能完成表格的制作。其次以毕业论文为例进行长文档排版，通过对长文档中页面设置、页眉/页脚的排版和打印输出的设置，实现了 Word 长文档的制作，并且通过应用样式，利用 Word 的目录功能自动生成目录。最后利用邮件合并功能制作成批信函。

项目训练

Word 综合排版效果如图 3-83 所示。实训要求如下。

图 3-83　Word 综合排版

（1）标题为艺术字"渐变填充-橙色"，隶书小初号字，居中，正文宋体五号字，首行缩进 2 字符，小标题隶书二号加粗，文字效果为"渐变填充-蓝色，强调文字颜色 1"。

（2）表格标题隶书四号较粗，效果为"渐变填充-橙色，强调文字颜色 6，内部阴影"；表格内文字宋体五号，中部居中对齐，第一行文字加粗；表格外框线为外粗内细双线型，3 磅"橄榄色，强调文字颜色 3，深色 25%"，其他框线为默认；第一行填充"橄榄色，强调文字颜色 3，深色 40%"，整个表格居中。

（3）插入图片，调整图片大小为原来的 25%，版式为紧密环绕型，图片裁剪成椭圆形，放置于合适位置。

（4）"适用文字"标题下文字添加项目符号◆。

（5）正文最后二段加方框，双线型，1.5 磅，颜色"紫色，强调文字颜色 4，深色 50%"，底纹颜色"紫色，强调文字颜色 4，淡色 40%"。

（6）页眉内容"手机展望"，黑体、二号、加粗，左对齐；页脚插入五个"五角星"符号，宋体、一号、红色，右对齐。

（7）文档保存在"C:\项目 3"文件夹中，文件命名为"项目实训.docx"。

项目考核

在线测试

在线测试（扫右侧二维码进行测试）。

项目四　用 Excel 2010 处理电子表格

【项目描述】

Excel 2010 是 Office 2010 办公软件中的重要成员，也是一款功能强大、实用性强的电子表格处理软件。它拥有强大的表格制作及数据处理能力，可以快速生成表格数据，完成表格中的数据运算，进行数据的预测与分析，具有非常强大的函数与图表制作功能。

本项目通过对"学生档案管理"工作簿文件的管理，主要完成的任务是创建"基本情况""各科成绩"两张工作表，并对其中的数据进行各种计算，针对数据的特点生成实用的分析图表。其中包含的知识点有：电子表格的创建与格式处理、表格数据的相关计算和图表在数据分析中的应用。该项目最终完成的效果，如图 4-1、图 4-2 所示。

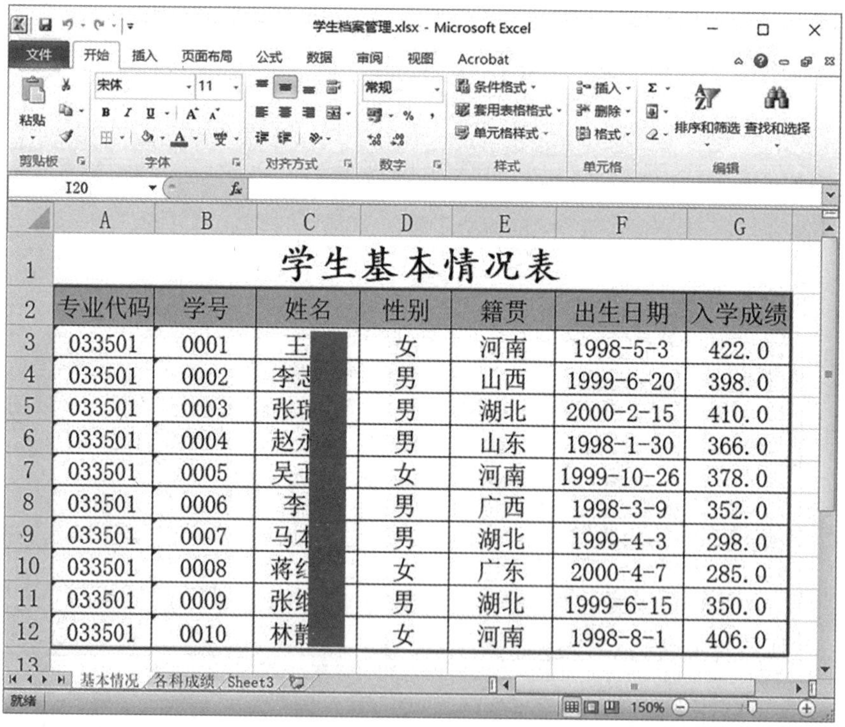

图 4-1　"学生档案管理"工作簿"基本情况"工作表效果图

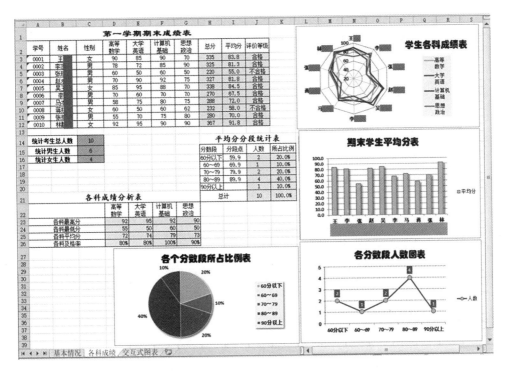

图 4-2 "学生档案管理"工作簿"各科成绩"工作表效果图

【学习目标】

✧ 掌握工作簿的操作及工作表的输入与编辑。

✧ 会针对表格数据进行格式设置。

✧ 掌握工作表中公式和函数的使用方法。

✧ 认识各类图表，会用图表分析数据。

✧ 掌握图表的制作和美化。

✧ 理解动态图表制作的方法和意义。

任务一 创建电子表格

利用 Excel 可以简便、快速、准确地创建工作表及处理原始数据，针对"基本情况"、"各科成绩"两张工作表的创建，实现对工作表中存储的数据进行输入与编辑，以及对表格中相关的格式进行设置。

任务提出

1. 新建工作簿文件

在 Excel 中创建"学生档案管理"工作簿文件,并制作学生"基本情况"工作表。

2. 工作表的输入与格式化

在 Sheet1 表中输入"基本情况"的原始数据。在 Sheet2 表中输入"各科成绩"。

(1)在 A1 单元格中输入标题"学生基本情况表"。标题相对表格宽度居中对齐,字体格式为"楷体、加粗、18 磅"。

(2)快速输入"学号"和"专业代码"数据序列。

(3)用最简短的格式输入"出生日期"(如 98-5-3 或 98/5/3)。最终格式设为"1998-5-3""入学成绩"保留 1 位小数。

(4)设置表格所有单元格内容居中对齐。

(5)设置表格边框和底纹:设置表格列标题底纹为浅绿色;内框线为细实线、黑色;外框线为粗实线、深红色。

3. 工作表重命名

将 sheet1 工作表重命名为"基本情况"、sheet2 工作表重命名为"各科成绩"。

4. 保存工作簿文件

文件名为"学生档案管理",保存在以自己"学号-姓名"命名的文件夹中。

学生"基本情况"工作表制作效果如图 4-1 所示。

任务分析

1. 新建工作簿文件

启动 Excel 2010 后,系统会自动创建一个名为"工作簿 1"的工作簿文件,其扩展名为".xlsx"。Excel 2010 主窗口如图 4-3 所示。如果继续创建其他工作簿文件,则自动依次取名为"工作簿 2""工作簿 3"……也可以在主窗口中选择"文件"→"新建"命令,在"新建工作簿"任务窗格中选择"空白工作簿",然后单击"创建"按钮。

图 4-3　Excel 2010 主窗口

2. 工作表的输入与编辑

工作表是进行组织和管理数据的地方，要使用 Excel 处理数据，必须先创建完善的工作表。每个工作簿文件可由一到多个工作表组成，一个新建的工作簿默认包含 3 个工作表 Sheet 1、sheet 2、sheet 3，最多可包含 255 个的工作表。默认打开的是第一张工作表"Sheet 1"，用户可以使用该工作表输入数据。

在 Excel 工作表中可以输入多种数据类型，包括文本型、数值型、日期和时间型，Excel 会自动判断所输入的数据是哪种类型，并进行适当的处理。另外，还可使用自动填充技巧来快速输入序列数据或相同数据。

输入数据后，用户可以像编辑 Word 文档中的文本一样，对输入的数据进行各种编辑操作，如选择单元格区域，移动、复制和删除数据等。

3. 设置单元格格式

为了使创建的工作表更加美观和实用，通常要对工作表进行格式化，它包括设置数字格式、对齐方式、字体格式、边框、填充色、以及套用表格格式等。

4. 工作表重命名

工作表默认名称为 Sheet 1、Sheet 2 等，不利于查找也不直观。通常需要为工作表定义一个有意义的名称。

任务实施

1. 输入原始数据并格式化

（1）输入文本型数据：文本型数据也称为字符型数据，由英文字母、汉字、数字以及其他字符组成。单元格中默认的对齐方式为左对齐。

步骤1　单击选定"A1"单元格，输入标题文字"学生基本情况表"，按【Enter】键或单击编辑栏上的"√"按钮确认输入。

微　课

步骤2　修改单元格数据时，可双击单元格或选中单元格后在编辑栏中修改。修改后也可单击编辑栏左边的输入按钮"√"结束，单击取消按钮"×"则取消修改，如图4-4所示。删除单元格数据时，可选中单元格，按【Delete】键，或右键单击单元格在快捷菜单中选择"清除内容"命令。

图4-4　"编辑栏"的使用

步骤3　选择单元格区域 A1:G1，单击"开始"选项卡"对齐方式"选项组中的"合并后居中"按钮，则标题文字相对表格居中对齐，并设置字体格式为"楷体、加粗、18磅"，如图4-5所示。

在输入"学号"和"专业代码"时，要转换为文本类型，否则数字前面的0无法创建。对于邮政编码、电话号码、身份证号以及前面带有0的数字，这些数字并没有大小之分，在输入过程中可把它们设置为文本类型。

图4-5　标题"合并后居中"

步骤 4 在"学号"列的起始单元格 B3 中输入起始学号"'0001"（英文标点单引号+学号），在"专业代码"列的起始单元格 A3 中输入起始号码"'033501"。

步骤 5 快速填充数据：选定起始学号"'0001"单元格，将鼠标指针移至该单元格右下角的填充控制柄上，当其变为黑十字时按住鼠标左键不放并拖曳至最后一个学号的位置，释放鼠标，完成学号序列的填充；在"专业代码"填充时，拖曳控制柄的同时按下【Ctrl】键，这时填充的是相同的数据。完成的填充如图 4-6 所示。

图 4-6 "专业代码""学号"的填充序列

也可以利用快捷菜单填充数据，在填充完数据释放鼠标后，单击填充区域右下角出现的"自动填充选项"按钮，在弹出的快捷菜单中选择一种填充方式，可以填充相同数据，也可以填充序列，如图 4-7 所示。

步骤 6 完成其他数据的输入：姓名、性别、籍贯，均是文本类型。

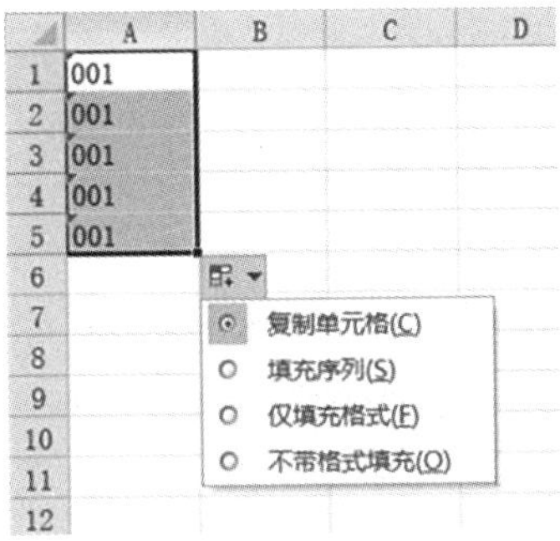

图 4-7 利用"自动填充选项"按钮填充数据

（2）输入日期型数据。"出生日期"这列数据属于日期型数据。输入日期时格式可以有多种，但系统默认的日期格式只有一种，一般使用斜杠"/"或"-"来分隔年、月、日。

步骤 1 选择 F3 单元格，输入日期"98-5-3"回车确认，单元格中的数据自动转换为默认格式"1998/5/3"。

步骤2 统一设置日期格式：选择"出生日期"数值区域 F3：F12，然后在"开始"选项卡中，单击"字体"选项组右下角的对话框启动器按钮，在弹出的"设置单元格格式"对话框中，选择"数字"选项卡，在"分类"列表中选择"日期"选项，在右边"类型"中选择一种格式即可，如图 4-8 所示。

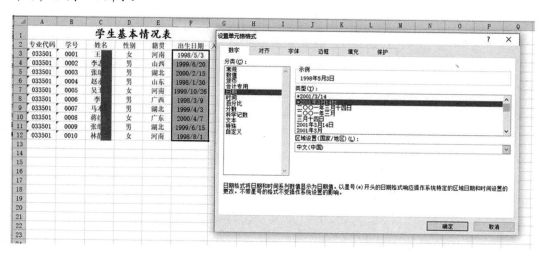

图 4-8 "设置单元格格式"对话框"日期"格式设置

步骤3 如果想要设置成"1998-5-3"这种格式，选择"自定义"选项，在"类型"文本框中创建"yyyy-m-d"日期格式，如图 4-9 所示。

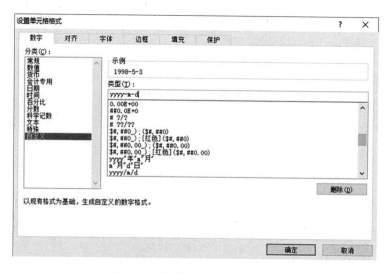

图 4-9 "自定义"日期格式设置

（3）输入数值型数据。"入学成绩"这列数据属于数值型数据，数值型数据在单元格中默认的对齐方式为右对齐。

步骤1 数值型数据直接输入即可。选择 F3 单元格，输入成绩。

步骤2 统一设置小数位数：选择"入学成绩"数值区域 G3:G12，打开"设置单元格格式"对话框，选择"数字"选项卡，在"分类"列表中选择"数值"选项，在右边"小数位数"中选择保留 1 位小数，如图 4-10 所示。

图 4-10 "数值"格式设置

Excel 提供了多种数字格式，如数值格式、货币格式、日期格式、百分比格式、会计专用格式等，灵活地运用这些数字格式，可以使表格制作的更加专业和规范。

2. 设置单元格内容居中和表格边框底纹

在 Excel 工作表中，虽然从屏幕上看每个单元格都带有浅灰色的边框线，但是实际打印时不显示任何线条。为了使表格中的内容更为清晰美观，可为表格添加边框。为了能衬托或强调单元格中的数据，可为某些单元格添加底纹。

步骤1 选择 A2:G12 单元格区域，单击"开始"选项卡"对齐方式"选项组中的"居中"按钮。

微 课

步骤2 选择 A2:G12 单元格区域，打开"设置单元格格式"对话框中，选择"边框"选项卡，在"线条"选项组中选择粗实线，"颜色"设置为深红，然后在"预置"选项组中单击"外边框"按钮；接着，在"线条"选项组中再选择细实线，"颜色"设置为黑色，在"预置"选项组中单击"内部"按钮，如图 4-11 所示，最后单击"确定"按钮返回工作表界面。

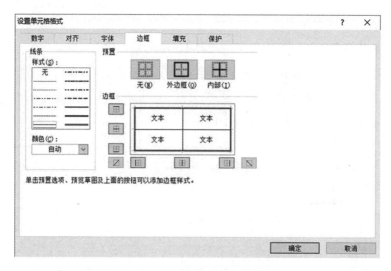

图 4-11　"边框"格式设置

步骤 3　选择表格列标题 A2:G2 单元格区域，在"设置单元格格式"对话框中，选择"填充"选项卡，在"背景色"选项组中选择浅绿色，如图 4-12 所示。

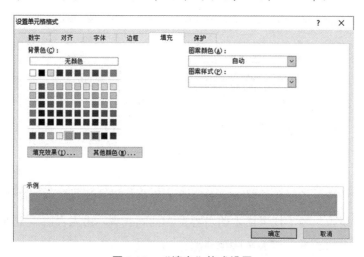

图 4-12　"填充"格式设置

3. 工作表重命名

一种方法是：右键单击工作表标签 Sheet1，在弹出的快捷菜单中选择"重命名"命令，如图 4-13 所示，输入工作表名"基本情况"，按【Enter】键或单击其他地方结束。另一种方法是：双击工作表标签 Sheet1，使其变成黑底白字，然后输入新名，按【Enter】键或单击其他地方结束。

图 4-13 工作表操作的快捷菜单

4. 保存文件

选择"文件"→"保存"菜单命令，或者单击工具栏上的"保存"按钮，选择文件保存的位置是自己的"班级-学号"文件夹，文件名为"学生档案管理"，保存类型为"Excel工作簿"，即扩展名为".xlsx"，如图 4-14 所示。

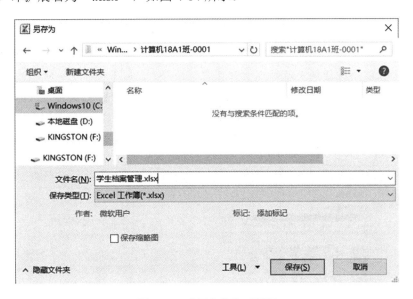

图 4-14 "另存为"对话框

任务总结

（1）认识单元格及选择方法。

单元格是最基本的数据存储单元，通过对应的列号和行号进行命名和引用，且列号在前，行号在后。比如，A1 表示 A 列 1 行的单元格。在单元格中可以输入文字、数字、日期及公式计算。多个相邻单元格组成的区域称为单元格区域，其表示方法为：左上角单元格:右下角单元格，其中冒号是英文冒号，比如，B2:F5 表示从左上角 B2 到右下角 F5 的单元格区域。

鼠标单击即可选中某一单元格。如果要选择相邻的单元格区域，可按下鼠标左键拖画一个矩形区域即可；或单击要选择区域的第一个单元格，然后按住【Shift】键单击最后一个单元格。如果要选择不相邻的多个单元格，可先选定第一个单元格，然后按住【Ctrl】键再选择其他单元格。

如果要选择工作表中的一整行或一整列，可将鼠标指针移到该行左侧的行号或该列顶端的列标上，当鼠标指针变成向左或向下的黑色箭头形状时单击。

（2）自定义序列填充数据。

在输入数据时，针对一些具有一定显示有规律的数据，在 Excel 2010 中已经定义了一些常用序列可供使用。如"星期一、星期二、…""ES-01、ES-02、…"等，手动输入这些数据，既费时又费力，因此，可利用 Excel 的快速填充数据功能来输入此类数据。

步骤1　选择"文件"→"选项"菜单命令，打开"Excel 选项"对话框，选择"高级"选项组，单击右侧面板"常规"栏中的"编辑自定义列表"按钮，打开"自定义序列"对话框。

步骤2　在这个对话框中既可以看到已定义的序列，也可以自定义新的序列，比如，定义"信息、电子、机电、电气"序列，在"输入序列"列表中输入各项目，中间用英文逗号（或用回车）分隔，如图 4-15 所示。然后单击"添加"按钮即可添加到自定义序列列表中。

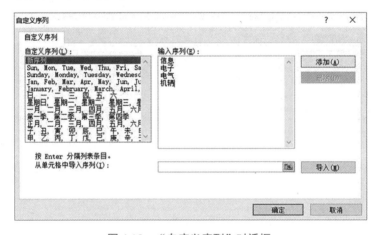

图 4-15　"自定义序列"对话框

步骤3　在起始单元格中输入起始数据，选中该单元格后，将鼠标指针移至该单元格右下角的控制柄上，当其变为黑十字时按住鼠标左键不放并拖曳至所需位置，释放鼠标后即可填充序列。如图4-16所示。

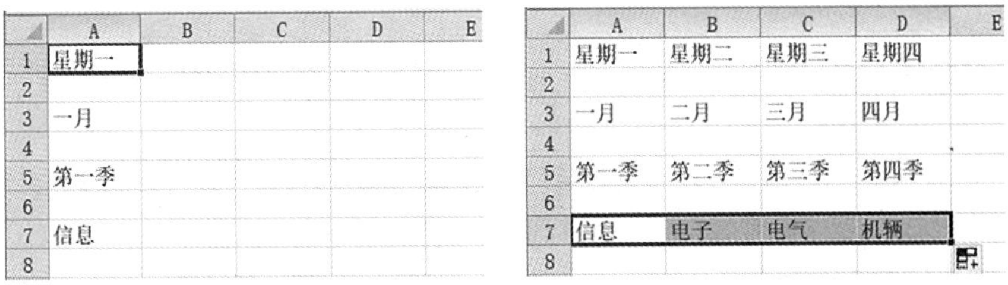

图4-16　自动填充常用序列

（3）套用表格格式。

利用套用表格格式可以快速为表格设置格式，Excel 2010提供了多种类型的表格格式可供选择。方法是：选择需要套用表格格式的单元格区域，单击"开始"选项卡→"样式"组→"套用表格格式"按钮，在弹出的下拉列表中选择合适的表格样式，如图 4-17所示。即可将该样式应用到所选单元格区域，如图4-18所示。

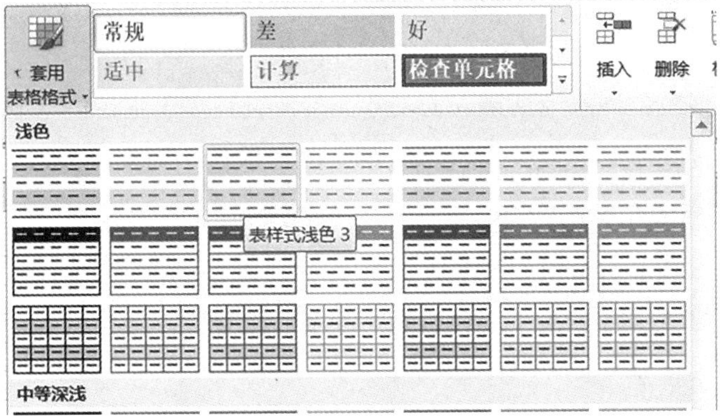

图4-17　"套用表格格式"列表

图4-18　套用表样式浅色3的表格

同步训练

1. 创建学生基本情况表，如图 4-19 所示。

图 4-19　学生基本情况表

① 设置标题格式：字体为"黑体、加粗、22 磅、红色"；"学生基本情况表"标题行相对表格居中对齐。

② 设置数字格式：联系电话格式为文本类型，设置"出生日期"为"yyyy-m-d"。

③ 设置表格的边框和底纹：内框线为细实线、红色；外框线为双实线、蓝色，表头行底纹为浅绿色。

④ 设置对齐方式：表格中的文字居中对齐。

⑤ 工作表重命名：将 sheet1 表名改为"基本情况"。

2. 创建员工基本信息表，如图 4-20 所示。

图 4-20　员工基本信息表

① 设置标题格式：标题设置为合并单元格并居中。

② 设置字体：表格标题字体为方正姚体，加粗，字号 26 磅，颜色为绿色，深色 50%；表格中的内容均为楷体、12 磅。

③ 设置数字格式：将"入职时间"的日期格式设置为"yyyy 年 m 月"；基本工资保留 1 位小数、加上千位分隔符和货币符号。

④ 设置对齐方式：表格中的文字居中对齐。

⑤ 设置边框和底纹：设置表格外框线为绿色深色 50%的粗实线，内框线为橙色深色 25%的细实线，表格行标题底纹设置为橙色。

⑥ 工作表重命名：将 sheet1 表名改为"员工信息表"。

任务二 计算表格数据

在将工作表"各科成绩"输入数据后，可以通过 Excel 提供的函数和公式对表中的数据进行统计分析，实现自动、精确、高效的运算处理。如图 4-21 所示为 Excel 的数据表格。

Excel 的数据计算和统计功能，是它最具特色的功能，并且当工作表中的数据发生变化时，使用公式和函数计算的结果会随之改变，这极大地提升了它分析和处理数据的能力。

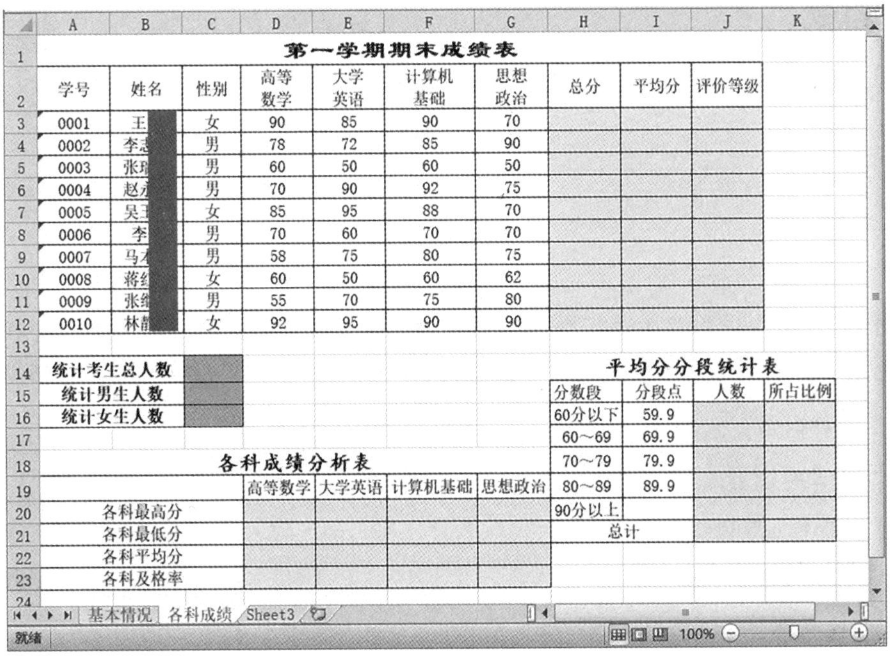

图 4-21 "各科成绩"工作表

任务提出

"学生档案管理"工作簿文件中的学生的"各科成绩"工作表，如图 4-21 所示。完成工作表中各个计算项目，需要执行的计算如下：

1. 利用函数完成相关计算

（1）利用求和函数 SUM 计算每个学生的总分。

（2）利用平均值函数 AVERAGE 计算每个学生的平均分和各科平均分。

（3）利用最大值函数 MAX 和最小值函数 MIN 求出各门课程的最高分、最低分。

（4）利用计数函数 COUNT 统计考生总人数。

（5）利用条件判断函数 IF 给出每个学生"平均分>=60"的"评价等级"（"合格""不合格"）。

（6）利用带条件判断的计数函数 COUNIF 统计男生和女生人数。

2. 利用函数和公式完成相关计算

（1）利用"COUNIF/COUNT"组合公式统计各科及格率。

（2）利用"COUNIF-COUNT"组合公式或利用频率函数 FREQUENCY，统计平均分各分数段人数。

（3）利用除法公式计算各分数段的人数占总人数的百分比，即"所占比例"。

任务分析

1. 创建公式

公式是 Excel 工作表中进行数值计算的等式。在单元格或编辑栏中输入公式时，以"="开始，后面是参与计算的运算数和运算符组成的式子。运算数可以是常量数值、单元格、单元格区域、名称等。比如，=A1+B1、=3*D5、=C2/D2。

常用运算符如下：

（1）算术运算符：＋（加）、－（减）、*（乘）、/（除）、%（百分号）、^（乘幂），用来完成基本的数学运算。

（2）比较运算符：=（等于）、>（大于）、>=（大于等于）、<=（小于等于）、<>（不等于），用来对两个数值进行比较，产生的结果为逻辑值 True（真）或 False（假）。

2. 使用函数

函数是预先定义的内置公式，能够完成复杂的公式计算。Excel 提供了几百个内置函数，例如，常用函数、统计函数、数学类函数、财务函数、日期与时间函数等，可以对特定区域的数据实施一系列操作，比利用等效的公式计算更快、更灵活。

（1）函数的组成。函数是公式的特殊形式，其格式是：=函数名（参数1，参数2，...），函数是由函数名称和函数参数组成。例如，=SUM(A2，B2，D2)，表示对 A2、B2、D2 三个单元格的数值求和，SUM 是函数名，A2、B2、D2 三个单元格的引用是函数的参数，这个函数也可以表达成"=SUM(A2:D2)"，参数是从 A2 到 D2 的区域。

（2）函数的调用。单击需要输入公式的单元格，单击编辑栏上的"插入函数"按钮，或选择"公式"选项卡中的"插入函数"命令，Excel 会插入等号 (=)，然后选择要插入的函数。在"或选择类别"下拉列表选择"全部"，即可列出所有的函数。

快速对数值进行汇总，也可以使用"∑自动求和"。在"公式"选项卡中单击"∑自动求和"下拉列表，如图 4-22 所示，然后单击所需的函数。

图 4-22　"自动求和"下拉列表

任务实施

1. 求和函数 SUM 和求平均值函数 AVERAGE 的使用

利用求和函数 SUM 和平均值函数 AVERAGE 求每个学生的总分、平均分和各科平均分。

SUM 函数是计算单元格区域中所有数据的和；AVERAGE 函数是求所有参数的算术平均值。具体操作步骤如下：

步骤 1 在"各科成绩"工作表中选定 H3 单元格，在"公式"选项卡中单击"插入函数"按钮，打开"插入函数"对话框，选择要插入的函数，如图 4-23 所示，在"或选择类别"框中的选择类别"常用函数"，在"选择函数"列表框中选择"SUM"选项，然后单击"确定"按钮。如果单击下面"有关该函数的帮助"链接文本，即可打开"Excel 帮助"窗口，它给出了该函数的详细用法和示例。

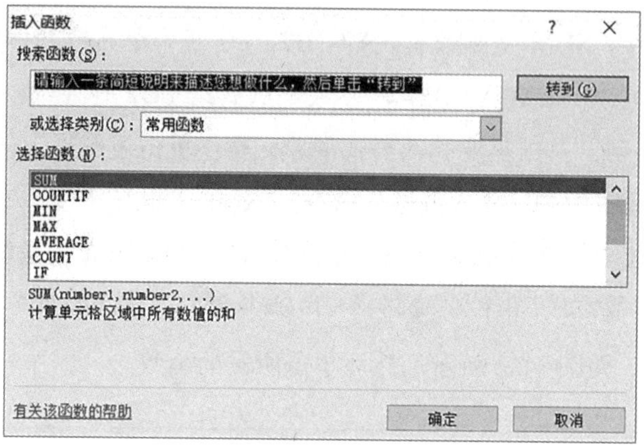

微 课

图 4-23 "插入函数"对话框

步骤 2 打开"函数参数"对话框，确定函数参数。插入不同的函数，其显示的"函数参数"对话框也会有所不同。如图 4-24 所示，在"Number1"文本框中自动匹配了要引用的单元格，如果引用单元格有误，可直接输入单元格区域"D3:G3"，也可单击参数 Number1 的输入框后面"收缩"按钮以临时折叠对话框，在工作表上重新选取单元格，然后再按"展开"按钮返回"函数参数"对话框。最后单击"确定"按钮完成计算。

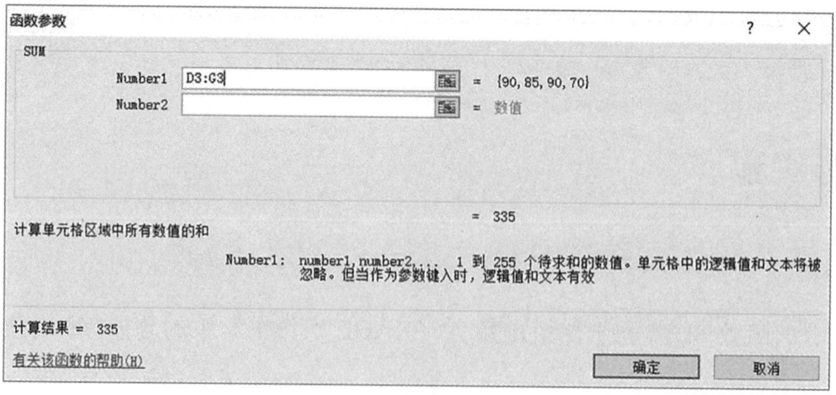

图 4-24 "函数参数"对话框

步骤3 拖动 H3 单元格右下角的填充柄，复制函数向下填充至 H12 单元格区域，计算出其他学生的总分。

步骤4 在"各科成绩"工作表中选定 I3 单元格，在"公式"选项卡中单击"∑自动求和"下拉列表，选择"平均值"命令，如图 4-25 所示，函数参数自动匹配"D3:H3"，包括了总分显然是不正确的，重新选取参数区域"D3:G3"，按【Enter】键计算出平均分。

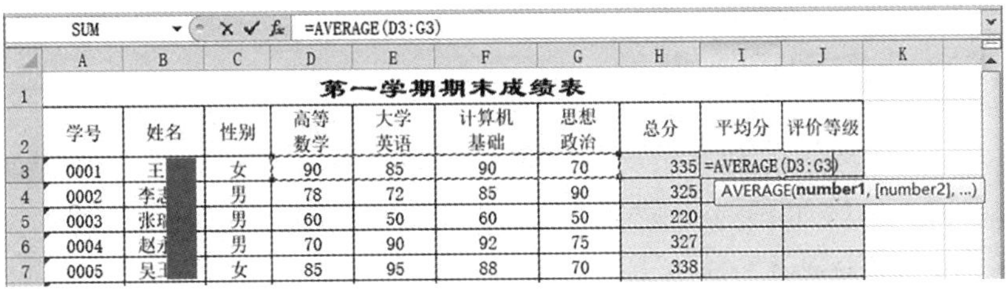

图 4-25 用"自动求和"下拉列表中的"平均值"函数快速计算

步骤5 利用填充柄功能从 I3 向下填充至 I12，计算出其他学生的平均分。并选择平均分区域"I3:I12"，在"开始"选项卡"数字"选项组中单击"增加小数位数""减少小数位数"快速调整小数位数为 1 位。

步骤6 在"各科成绩分析表"中选定 D22 单元格，用上述方法选择"平均值"命令，选取参数区域"D3:D12"，按【Enter】键计算出"高等数学"的平均分。拖动 D22 单元格右下角的填充柄，复制函数向右填充至 G22 单元格区域，求出其他课程的平均分。

2. 最大值函数 MAX 和最小值函数 MIN 的使用

利用最大值函数 MAX 和最小值函数 MIN 求出各门课程的最高分、最低分。

MAX 函数是返回一组数中的最大值；MIN 函数是返回一组数中的最小值。具体操作步骤如下：

步骤1 在"各科成绩分析表"中，选定 D20 单元格，打开"插入函数"对话框，选择"MAX"函数，打开"函数参数"对话框，操作同 SUM 函数一样选取参数区域"D3:D12"，然后单击"确定"按钮求出"高等数学"的最高分。再利用填充柄功能，求出其他课程的最高分。

步骤2 在"各科成绩分析表"中，选定 D21 单元格，插入"MIN"函数，操作方法同 MAX 函数，求出"高等数学"的最低分。再利用填充柄功能，求出其他课程的最低分。

在"各科成绩分析表"中的计算结果如图 4-26 所示。

各科成绩分析表				
18				
19		高等数学	大学英语	计算机基础	思想政治
20	各科最高分	92	95	92	90
21	各科最低分	55	50	60	50
22	各科平均分	72	74	79	73
23	各科及格率				
24					

图 4-26　各科成绩分析表

3. 计数函数 COUNT 的使用

利用计数函数 COUNT 统计考生总人数，COUNT 是统计某区域中包含数字的单元格的个数。具体操作步骤如下：

步骤 1　在"各科成绩"工作表中，选定 C14 单元格，单击编辑栏上的插入函数"fx"按钮，打开"插入函数"对话框中，选择"COUNT"函数，单击"确定"按钮。

微　课

步骤 2　在弹出的"函数参数"对话框中，光标定位在"Value1"文本框中，在工作表中选择区域"D3:D12"，或者其他数值列，如图 4-27 所示，单击"确定"按钮，即统计出全班考生人数。注意，COUNT 函数只对数字型数据进行计数。

函数参数	? ×
COUNT	
Value1　D3:D12 　　　　　　▦ = {90;78;60;70;85;70;58;60;55;92}	
Value2　　　　　　　　　　 ▦ = 数值	
	= 10
计算区域中包含数字的单元格的个数	
Value1: value1,value2,... 是 1 到 255 个参数，可以包含或引用各种不同类型的数据，但只对数字型数据进行计数	
计算结果 = 10	
有关该函数的帮助(H)	确定　取消

图 4-27　COUNT 函数参数对话框

4. 条件判断函数 IF 的使用

利用条件判断函数 IF 给出每个学生"平均分>=60"的"评价等级"。

IF 函数是执行真假判断，根据逻辑条件判断的结果，返回不同结果。具体操作步骤如下：

步骤 1　选定 J3 单元格，单击编辑栏上的插入函数"fx"按钮，打开"插入函数"对话框，选择"IF"函数，单击"确定"按钮。

步骤 2　在弹出的"函数参数"对话框中，在 logical_test 文本框中输入判断条件"I3>=60"，在 value_if_true 文本框中输入符合条件的返回值"合格"，在 value_if_false 文本框中输入不符合条件的返回值"不合格"，在输入文本数据，合格与不合格时，光标离开该文本框时，系统会自动加上英文双引号，如图 4-28 所示，单击"确定"按钮。

图 4-28　If 函数参数对话框

步骤 3　拖动 J3 单元格右下角的填充柄，复制函数向下填充至 J12 单元格区域，最终结果是平均分在 60 分及以上为合格，反之为不合格。

5. 条件判断计数函数 COUN IF 的使用

利用带条件判断计数函数 COUN IF 分别统计男生和女生人数，COUNIF 函数是将符合条件的单元格挑选出来并统计个数。具体操作步骤如下：

步骤 1　在"各科成绩"工作表中，选中 C15 单元格，单击编辑栏上的"插入函数"按钮，打开"插入函数"对话框，选择"COUNTIF"函数，单击"确定"按钮。

步骤 2　在弹出的"函数参数"对话框中，其参数有两个，分别是：Criteria，即条件；

Range，即条件所在区域。例如，统计男生人数，光标定位于 Range 参数文本框中，在工作表中选取要统计的"性别"数值区域"C3:C12"，在 Criteria 参数文本框中输入文本形式的条件"男"，光标离开该文本框时系统会自动加上英文双引号（"男"），如图 4-29 所示。单击"确定"按钮即统计出男生人数，如图 4-30 所示。

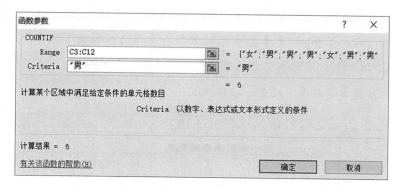

图 4-29　COUNTIF"函数参数"对话框条件为"男"

13		
14	统计考生总人数	10
15	统计男生人数	6
16	统计女生人数	4
17		

图 4-30　统计人数的结果

6.　"COUNIF/COUNT"组合公式的使用

用"COUNIF/COUNT"组合公式计算"各科及格率"，具体操作步骤如下：

步骤1　在"各科成绩分析表"中，选定 D23 单元格，插入 COUNIF 函数。

步骤2　在弹出的"函数参数"对话框中，将光标定位于 Range 参数文本框中，在工作表中选取区域"D3:D12";在 Criteria 参数文本框中输入条件表达式">=60"，光标离开该文本框时系统会自动加上英文双引号（">=60"），如图 4-31 所示。

图 4-31　COUNTIF"函数参数"条件为">=60"

步骤 3　单击"确定"按钮。在 D23 单元格中显示的结果是 8，在编辑栏中显示的公式为"=COUNTIF(D3:D12，">=60")"。

步骤 4　在编辑栏中单击公式的末尾，然后输入除号"/"，并且单击左边函数名称框列表中的"COUNT"函数，打开了 COUNT 函数参数对话框，选取区域"D3:D12"，如图 4-32 所示。当然，除号后面也可以直接引用 C14 单元格（总人数）。

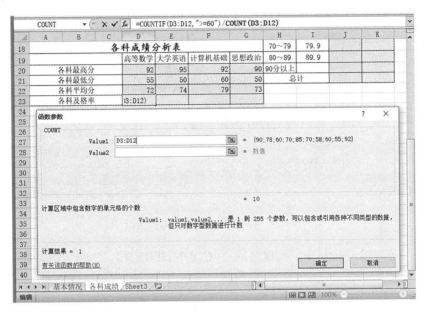

图 4-32　创建"COUNIF/COUNT"组合公式

步骤 5　单击"确定"按钮，计算出"高等数学"的及格率。再利用填充柄功能，向右填充求出其他课程的及格率。将各科及格率"D23:G23"设置为百分比格式。

7. "COUNIF/COUNTIF"组合公式的使用

利用"COUNIF/COUNTIF"组合公式，统计平均分各分数段人数，具体操作步骤如下：

步骤 1　在"平均分分段统计表"中，选定 J16 单元格，插入 COUNIF 函数，单击"确定"按钮。

步骤 2　在弹出的"函数参数"对话框中，将光标定位于 Range 参数文本框中，在工作表中选取区域"I3:I12"；在 Criteria 参数文本框中输入条件表达式"<60"。

步骤 3　单击"确定"按钮，此时，在 J16 单元格中统计出 60 分以下的人数，在编辑栏中显示创建的公式为"=COUNTIF(I3:I12，"<60")"。同理，继续创建下面的公式，即可统计出各分数段人数。

步骤 4 在 J17 单元格中，创建公式"=COUNTIF(I3:I12，"<70")-COUNTIF(I3:I12，"<60")"，如图 4-33 所示。

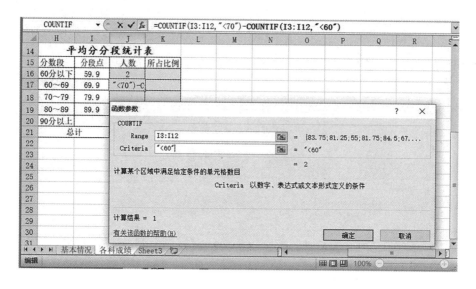

图 4-33 统计 60～69 分数段的人数

步骤 5 在 J18 单元格中，创建公式"=COUNTIF(I3:I12，"<80")-COUNTIF(I3:I12，"<70")"。

步骤 6 在 J19 单元格中，创建公式"=COUNTIF(I3:I12，"<90")-COUNTIF(I3:I12，"<80")"。

步骤 7 在 J20 单元格中，创建公式"=COUNTIF(I3:I12，">=90")"。

COUNTIF 函数的统计条件参数非常灵活，但因为其存在效率问题，若要统计某区域中小于等于某值的数据，可以借助 FREQUENCY 函数来代替 COUNTIF 函数进行统计。

8. 除法公式的使用

利用除法公式计算各分数段的人数占总人数的百分比，即"所占比例"，具体操作步骤如下：

步骤 1 在"平均分分段统计表"中，先用 SUM 函数统计出人数"总计"。

步骤 2 选定 K16 单元格，输入"="，选取 J16 单元格，输入"/"，接着选取 J21 单元格，创建除法公式，60 分以下的人数除以总人数。在编辑栏中可以看到完整的公式，光标定位于公式中的 J21 上，按【F4】，切换成绝对地址引用，如图 4-34 所示，按【Enter】结束。

步骤 3 计算出 60 分以下人数的所占比例。利用填充柄功能，向下填

微 课

充求出其他分数段的所占比例，如图 4-35 所示。将所占比例"K16:K21"设置为百分比样式，并保留 1 位小数。注意，公式中 J21 必须使用绝对地址引用才能实现填充。

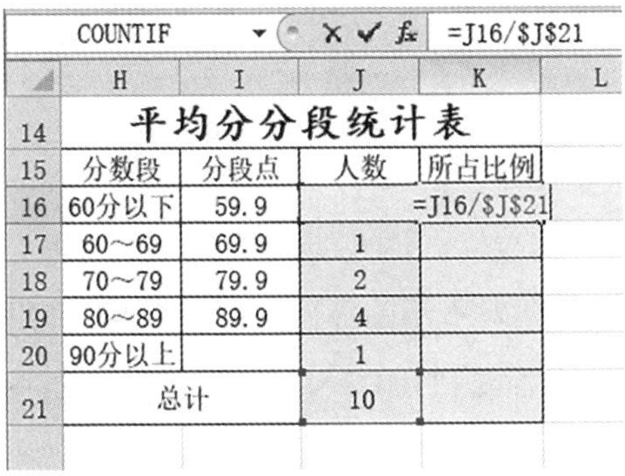

图 4-34　创建"所占比例"公式

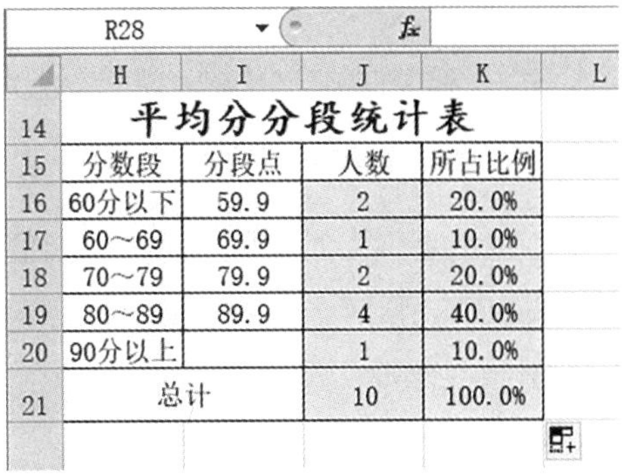

图 4-35　计算"所占比例"最终结果

任务总结

（1）单元格相对地址引用与绝对地址引用。

Excel 默认的单元格引用为相对地址引用，比如，A1。在公式或函数中使用单元格相对引用，则公式在复制或移动时会根据移动的位置自动调整公式中引用单元格的地址。例如，D2 单元格的公式为"=B2+C2"，将 D2 的内容复制到 D3 中（即用鼠标拖动单元格 D2 右下角的填充控制柄到 D3），得到的公式是"=B3+C3"，如图 4-36 所示。

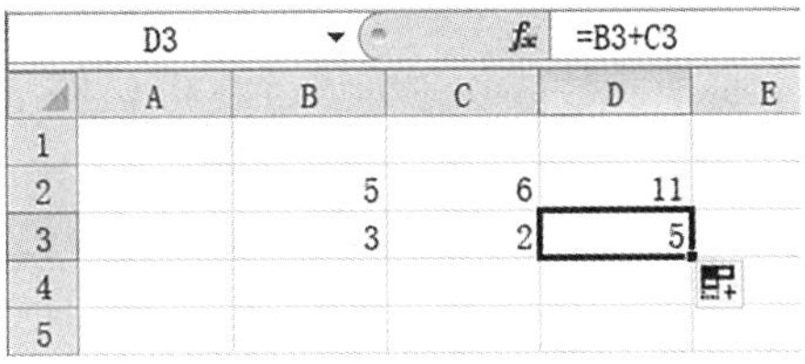

图 4-36　相对地址引用

绝对地址引用用于指向工作表中固定位置的单元格。在公式或函数中使用绝对引用时，要在行标和列标的前面加上"$"符号，如$C$2。将含有绝对引用的公式复制到新位置后，公式中的这个单元格地址不会改变。例如，D2 单元格的公式为"=$B$2+$C$2"，将 D2 的内容复制到 D3 中，得到的公式还是"=$B$2+$C$2"，如图 4-37 所示。

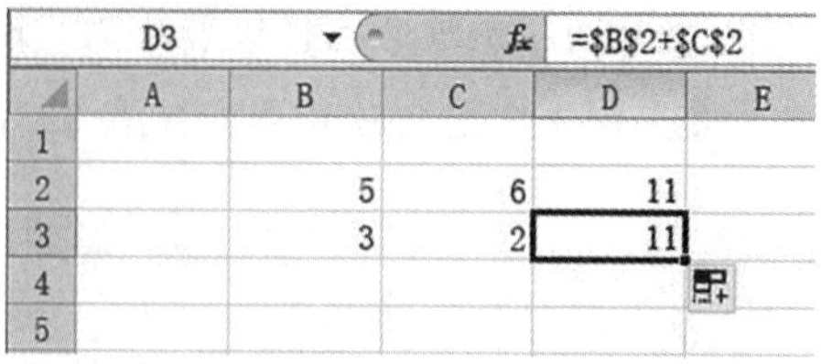

图 4-37 绝对地址引用

混合引用是将相对引用与绝对引用混合使用。在混合引用中，将带有混合引用的公式复制到其他单元格时，绝对引用的部分保持不变，而相对引用的部分将发生相应的变化。例如，D2 单元格的公式为"=B$2+C2"。将 D2 的内容复制到 D3 中，由于是混合引用，因此，得到的公式是"=B$2+C3"。

若要轻松更改引用类型，在相对引用、绝对引用、混合引用类型间切换，可选择包含公式的单元格，在编辑栏中光标定位到要更改引用方式的单元格地址处，反复按【F4】功能键即可实现相互切换。

（2）利用频率统计函数 FREQUENCY 计算多个结果的数组。

计算数值在某个区域内的出现频率，然后返回一个垂直数组。由于函数 FREQUENCY 返回一个数组，所以它必须以数组公式的形式输入。

在"平均分分段统计表"中，按区间为 0~59.9、60~69.9、70~79.9、80~89.9 和 90 以上统计数值个数。根据 FREQUENCY 函数的原理，频率计数规则为向上舍入进行统计，即小于等于分段区间值，按 N 个分段点划分为 N+1 个区间，结果生成 N+1 个统计值。各区间分别是<=59.9、<=69.9、<=79.9、<=89.9、和>=90，最终结果根据指定的 4 个分段点（59.9、69.9、79.9、89.9），将所有数值划分为 5 个区间，即 5 个统计结果，生成垂直数组：{2;1;2;4;1}。

创建多个结果的联合数组公式，其操作步骤如下：

步骤 1 选定需要输入数组公式的单元格区域"J16:J20"。

步骤 2 插入函数 FREQUENCY，在函数参数对话框中，Data_array 文本框中选择用于计算频率的数组"I3:I12"，Bins_array 文本框选择分段点数组"I16:I19"，如图 4-38 所示。

步骤 3 这时不要按"确定"按钮，否则单元格中只有一个结果。这时需要按组合键【Ctrl+Shift+Enter】，在编辑栏中 Excel 会自动在公式两旁插入 { }（一对大括号），即 {=FREQUENCY(I3:I12,I16:I19)}，并且生成垂直数组{2;1;2;4;1}。

注意，在公式两旁手工输入大括号不会将该公式转换为数组公式，必须按【Ctrl+Shift+Enter】组合键才能创建数组公式。只要编辑数组公式，大括号（{}）就会从数组公式中消失，您必须再次按【Ctrl+Shift+Enter】才能将这些更改应用于数组公式并重新显示大括号。

图 4-38　FREQUENCY 函数的参数对话框

（3）IF 函数嵌套使用。

若有多个条件，IF 函数可以利用嵌套完成，但最多只嵌套 7 层。例如，将第一学期期末成绩表的评价等级给出 5 个等级的评价：考试成绩平均分在 90 分及以上的为优秀、80 分及以上的为良好、70 分及以上的为中等、60 分及以上的为及格、否则为不及格。则最终公式如下：

=IF(I3>=90,"优秀",IF(I3>=80,"良好",IF(I3>=70,"中等",IF(I3>=60,"及格","不及格"))))

最终结果如图 4-39 所示。

学号	姓名	性别	高等数学	大学英语	计算机基础	思想政治	总分	平均分	评价等级
0001	王	女	90	85	90	70	335	83.8	良好
0002	李	男	78	72	85	90	325	81.3	良好
0003	张	男	60	50	60	50	220	55.0	不及格
0004	赵	男	70	90	92	75	327	81.8	良好
0005	吴	女	85	95	88	70	338	84.5	良好
0006	李	男	70	60	70	70	270	67.5	及格
0007	马	男	58	75	80	75	288	72.0	中等
0008	蒋	女	60	50	60	62	232	58.0	不及格
0009	张	男	55	70	75	80	280	70.0	中等
0010	林	女	92	95	90	90	367	91.8	优秀

图 4-39　IF 函数嵌套使用

121

同步训练

1．创建如图 4-40 所示的仓库存货统计工作表，并完成库存金额的计算。

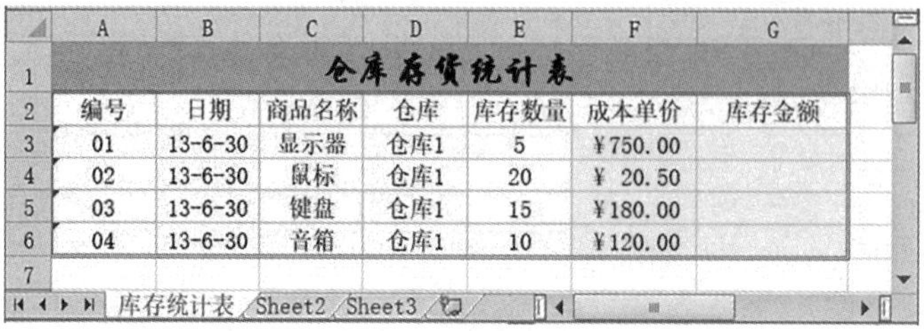

	A	B	C	D	E	F	G
1	仓库存货统计表						
2	编号	日期	商品名称	仓库	库存数量	成本单价	库存金额
3	01	13-6-30	显示器	仓库1	5	¥750.00	
4	02	13-6-30	鼠标	仓库1	20	¥ 20.50	
5	03	13-6-30	键盘	仓库1	15	¥180.00	
6	04	13-6-30	音箱	仓库1	10	¥120.00	
7							

库存统计表 Sheet2 Sheet3

图 4-40　创建库存统计表并计算

（1）表格标题：合并单元格并居中，文字设置为华文行楷、加粗、16 磅；合并后的单元格填充浅绿色。

（2）表格数据：表格中的内容均水平居中对齐，行标题文字加粗。日期的格式设置为自定义格式“yy-m-d”。F3:G6 区域数字设置为人民币会计专用符号，并保留 2 位小数。

（3）设置边框与填充：表格的外框线为绿色的双实线，内框线为橙色的细实线。F3:G6 区域填充黄色。

（4）计算“库存金额”（=库存数量*成本单价）。

（5）重命名工作表：将 sheet1 工作表重命名为“库存统计表”。

2．创建如图 4-41 所示的计算机成绩表，并完成总评的计算。

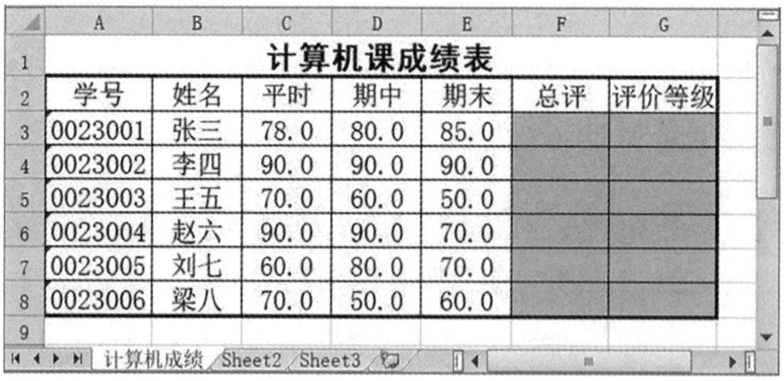

	A	B	C	D	E	F	G
1	计算机课成绩表						
2	学号	姓名	平时	期中	期末	总评	评价等级
3	0023001	张三	78.0	80.0	85.0		
4	0023002	李四	90.0	90.0	90.0		
5	0023003	王五	70.0	60.0	50.0		
6	0023004	赵六	90.0	90.0	70.0		
7	0023005	刘七	60.0	80.0	70.0		
8	0023006	梁八	70.0	50.0	60.0		
9							

计算机成绩 Sheet2 Sheet3

图 4-41　创建计算机课成绩表并计算

（1）表格标题：合并单元格并居中，文字设置为黑体、加粗、16 磅。

（2）表格数据：表格中的内容均水平居中对齐，所有成绩保留 1 位小数。

（3）设置边框与填充：表格的外框线为蓝色的粗实线，内框线为黑色的细实线。F3:G8 区域填充橙色。

（4）计算："总评"成绩（=平时*10%+期中 20%+期末*70%）；"评价等级"用 IF 函数判断总评，给出 60 分以上为"及格"、60 分以下为"不及格"的评价。

（5）重命名工作表：将 sheet1 工作表重命名为"计算机成绩"。

3. 创建如图 4-42 所示的学生成绩统计表，并完成相关的计算。

（1）表格标题：合并单元格并居中，文字设置为隶书、20 磅。

（2）表格数据：表格中的内容均水平居中对齐，所有计算的数据保留 1 位小数，各科优秀率带"%"。

（3）设置边框：表格的外框线内框线均为默认黑色细实线。

（4）利用函数 SUM、AVERAGE、MAX、MIN、COUNTIF、COUNT 完成相关的计算。优秀率为 90 分以上的人数/总人数（用函数 COUNTIF/COUNT 实现）。

（5）重命名工作表：将 sheet1 工作表重命名为"成绩统计表"。

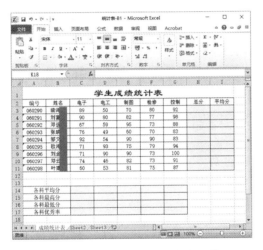

图 4-42　创建计算机成绩表并计算

任务三　生成分析图表

使用图表分析数据，可使数据信息的说明更加形象化，易于用户查看与理解，有效帮助用户分析和比较数据、查看差异、预测走势，同时也起到美化文档的作用。

本任务将根据工作表中的数据创建各种图表，以及通过对图表的各种编辑和修饰，使工作表中的数据能够更形象、更直观地表达出来。

任务提出

1. 制作柱形图

根据"期末成绩表"中学生的期末平均分，制作"期末学生平均分表"柱形图。

2. 制作雷达图表

根据"期末成绩表"中学生的各科成绩，制作"学生各科成绩表"雷达图。

3. 制作饼图

根据"平均分分段统计表"中各分数段人数的所占比例，制作"各个分数段所占比例表"饼图。

4. 制作折线图

根据"平均分分段统计表"中各分数段人数，制作"各个分数段人数图表"折线图。

不同的图表类型有着不同的功能和作用，理解图表的含义，直观地表达数据。本任务完成的图表制作最终效果如图 4-43 所示。

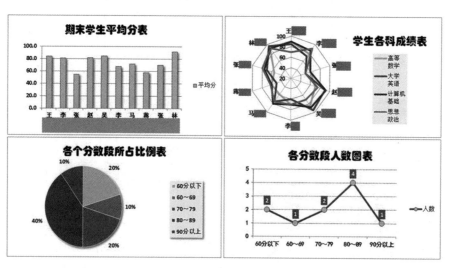

图 4-43　生成分析图表效果图

任务分析

1. 图表类型

Excel 2010 提供了 11 种图表类型，包括：柱形图、折线图、饼图、条形图、面积图、XY 散点图、气泡图、股价图、圆环图、雷达图和曲面图。图表的适用范围如下。

柱形图：用于表示以行和列排列的数据。对于显示随时间的变化很有用。最常用的布局是将信息类型放在横坐标轴上，将数值项放在纵坐标轴上。

折线图：与柱形图类似，区别在于折线图可以显示一段时间内连续的数据，特别用于显示趋势。

饼图：适合于显示个体与整体的比例关系。显示数据系列相对于总量的比例，每个扇区显示其占总体的百分比，分离型饼图能更清晰地表达效果。

雷达图：用于对比表格中多个数据系列的总计，可显示 4~6 个变量之间的关系。

条形图：用于比较两个或多个项之间的差异。

圆环图：与饼图一样，显示整体中各部分的关系。

XY（散点）图：适合于表示表格中数值之间的关系，常用于统计与科学数据的显示。特别适用于比较两个可能互相关联的变量。

气泡图：与散点图相似，气泡图是一种特殊的 XY 散点图，可显示 3 个变量的关系。

面积图：是以阴影或颜色填充折线下方区域的折线图，适用于要突出部分时间系列时，显示随时间改变的量。

曲面图：适合于显示两组数据的最优组合，但难以阅读。

股价图：常用于显示股票市场的波动，用它显示特定股票的最高价/最低价与收盘价。

2. 图表中的元素

图表：包括标题、图例、图表区、绘图区、数据系列、数据标签、坐标轴和网格线等。

图表区：主要分为图表标题、图例、绘图区三个大的组成部分。

绘图区：指图表区内的图形表示的范围，有数据系列、数据标签、坐标轴、网格线等。

图表标题：显示在绘图区上方的文本框，其作用是简明扼要的概述图表的作用。

图例：显示各个系列代表的内容。默认显示在绘图区的右侧。

数据系列：数据系列对应工作表中的一行或者一列数据。

坐标轴：按位置不同可分为主坐标轴和次坐标轴，默认显示的是绘图区左边的主 Y 轴和下边的主 X 轴。

网格线：网格线用于显示各数据点的具体位置。

在生成的图表上鼠标移动到哪里都会显示元素的名称，熟识这些名称能让我们更好更快的对图表进行设置。

3. 图表中的色彩

图表中颜色的应用非常重要，好的色彩搭配能增强图表的信息传递，吸引观者的注意力，提升专业形象。而在专业的图表中通常不选用 Excel 的默认颜色，这就需要学生了解一些常见的色彩搭配，如本项目例题中的色彩都没有使用 Excel 中的默认色彩搭配而是给出颜色具体的 RGB 值，从拾色器中选出该颜色。

RGB 的值是指光学三原色：R 是红色（Red）、G 是绿色（Green）、B 是蓝色（Blue）。RGB 值是指其亮度，用整数从 0、1、2……直到 255 来表示。其中，255 亮度最大，0 也是数值之一，表示亮度为 0，因此，R、G、B 都各有 256 级亮度，RGB 色彩模式是目前运用最广的颜色标准，通过对红(R)、绿(G)、蓝(B)三个颜色通道的变化以及它们相互之间的叠加来得到各式各样的颜色。

任务实施

1. 制作柱形图

微课

步骤1 在"第一学期期末成绩表"中，选择"姓名"和"平均分"两列数据，单击"插入"选项卡，单击图表右下角的"对话框启动器"按钮，打开"图表"对话框，如图 4-44 所示。选择"簇状柱形图"，单击"确定"按钮。

图 4-44 "插入图表"对话框

步骤 2 在"图表标题"中输入"期末学生平均分表",在"开始"选项卡中设置字体为"华文琥珀"、字号为"18"。

步骤 3 单击选中数据系列柱形图像,在"图表工具-格式"选项卡中,在"形状填充"下拉菜单中选择金色,在"形状轮廓"下拉菜单中选择黑色,在"形状效果"下拉菜单中,选择"阴影"效果选项列表中的"向右偏移"效果选项。如图 4-45 所示。

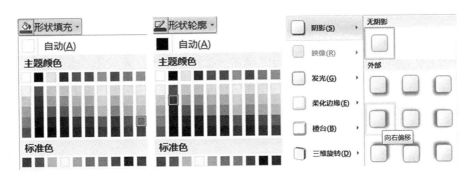

图 4-45 形状填充、轮廓、效果的设置

步骤 4 双击水平轴学生姓名标签,打开"设置坐标轴格式"对话框,选择"对齐方式"选项卡,在"文字方向"中选择"竖排"如图 4-46 所示,单击"确定"按钮。将姓名文字设置为"黑体""加粗"效果。将分数文字设置为"黑体""加粗"效果。最终制作的簇状柱形图表如图 4-47 所示。

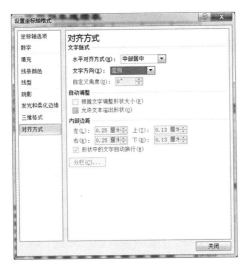

图 4-46 "设置坐标轴格式-对齐方式"对话框

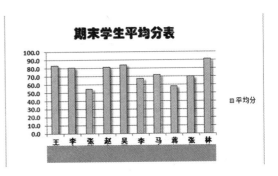

图 4-47 簇状柱形图

2. 制作雷达图表

步骤 1 在"第一学期期末成绩表"中,选择"姓名""高等数学""大学英语"

"计算机基础""思想政治"五列数据，执行插入图表，在插入图表对话框中选择"雷达图"。

步骤 2 在"图表标题"中输入"学生各科成绩表"，在"开始"选项卡中设置字体为"华文琥珀"、字号为"18"。

步骤 3 双击"计算机"数据系列图像，打开"设置数据系列格式"对话框，选择"线条颜色"选项卡，选择"实线"选项，如图 4-48 所示，在颜色的下拉菜单中选择"其他颜色"效果选项，打开"颜色"对话框，在"自定义"选项卡中设置 RGB(82,89,07)，如图 4-49 所示，单击"确定"按钮。同样方法，将"高等数学""大学英语""思想政治"图像设置为黄色（RGB(231,186,16))、红色（RGB(189,32,16))、蓝色（RGB(85,142,231))。

图 4-48 "线条颜色"对话框　　　　图 4-49 "颜色"对话框

步骤 4 选择姓名分类标签，将字体设置为"黑体""10""加粗"效果。最终制作的雷达图如图 4-50 所示。

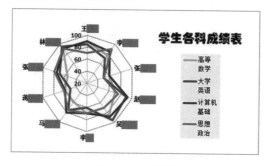

图 4-50 雷达图

3. 制作饼图

步骤 1　在"平均分分段统计表"中选择"分数段""所占比例"两列数据，执行插入图表，在插入图表对话框中选择"饼图"。

步骤 2　在"图表标题"中输入"各个分数段所占比例表"，在"开始"选项卡中设置字体为"华文琥珀"、字号为"18"。

步骤 3　双击"计算机"数据系列图像，选择"60 分以下"图像，将其设置为黄色（RGB(231,186,16)）；选择"60-69 分"图像，将颜色设置为绿色（RGB(99,150,41)）；选择"70-79 分"图像，将颜色设置为紫色（RGB(156,85,173)）；选择"80-89 分"图像，将颜色设置为蓝色（RGB(82,89,107)）；选择"90 分以上"图像，将颜色设置为红色（RGB(189,32,16)）。

步骤 4　选择饼图，设置阴影为"右下斜偏移"效果。选择"图例"将颜色设置为"灰色"，边框设置为"白色"，阴影设置为"右下斜偏移"效果。

步骤 5　选择"图表工具-布局"选项卡，在"数据标签"下拉菜单中选择"数据标签外"。双击添加的数据标签，打开"设置数据标签格式"对话框，选择"数字"选项卡，选择"百分比"选项，小数位数设置为"0"，如图 4-51 所示，单击"关闭"按钮。将"数据标签"颜色设置为"黑体""黑色"。最终制作的饼图如图 4-52 所示。

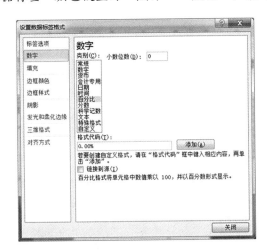

图 4-51　"设置数据标签格式-数字"对话框

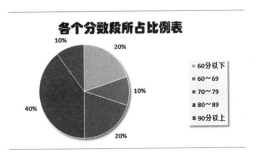

图 4-52　饼图

4. 制作折线图

步骤 1　在"平均分分段统计表"中选择"分数段""人数"两列数据，执行插入图表，在插入图表对话框中选择"折线图"。

步骤2 在"图表标题"中输入"各分数段人数图表",在"开始"选项卡中设置字体为"华文琥珀"、字号为"18"。

步骤3 双击垂直轴数据,打开"设置坐标轴格式"对话框,选择"坐标轴选项",设置最大值为"5",主要刻度单位选择"固定"并设置为"1",如图4-53所示,单击"关闭"按钮。将垂直刻度值和水平刻度值都设置为"黑体""10""加粗"。

图4-53 "坐标轴选项"对话框

步骤4 双击图像,打开"设置数据系列格式"对话框,选择"数据标记选项"选项卡,选择"内置",类型选择"圆形",大小输入"9",如图4-54所示;选择"数据标记填充"选项卡,选择"纯色填充",并选择黄色;选择"线条颜色"选项卡,选择"实线",并选择蓝色;选择"线型"选项卡,宽度输入"3磅",如图4-55所示。

步骤5 选择"图表工具"的"布局"选项卡,在"数据标签"下拉菜单中选择"上方",单击"数据标签",选择"图表工具"的"格式"选项卡,形状填充中选择"红色"(RGB(189,32,16)),数据设置为"白色""黑体""加粗"。最终制作的折线图如图4-56所示。

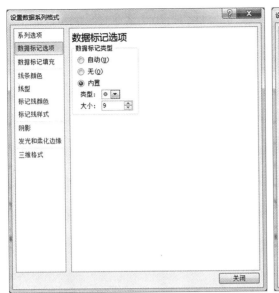

图 4-54 "数据标记选项"对话框   图 4-55 "数据标记填充"对话框

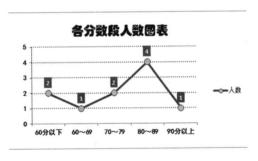

图 4-56 折线图

任务总结

（1）图表的插入。

图表在工作表中有两种存在方式。

① 嵌入式图表：与工作表的数据在一起，或者与其他的嵌入式图表在一起。当希望图表作为工作表的一部分，与数据或其他图表在一起时，嵌入式图表是最好的选择。

② 图表工作表：是特定的工作表，只包含单独的图表。当希望图表显示最大尺寸，而且不会妨碍数据或其他图表时，可以使用图表工作表。

（2）图表的更改与美化。

在最初创建的图表中，只有横纵坐标轴、数据系列和图例项。还有很多图表元素未显示。可以根据需要，将其添加到图表中，为图表设计不同的布局。创建好图表后，为了使图表更加美观，可以进一步设置图表的格式。这主要是对图表类型、数据系列、数据点、坐标轴、图例、数据标签、趋势线等关键图表对象的设置。

设置图表对象格式的方法可以应用内置样式，也可以手动设置它们的格式，双击对象或选中对象后右键单击，在弹出的快捷菜单中选择设置该对象格式的命令，即可打开设置该对象格式的对话框，从而进一步完成设置。

同步训练

1. 创建"食品销售量表"的"带数据标记的折线图"。

（1）根据 4-57 所示的数据表，制作 1～6 月饮料和糖果的"带数据标记的折线图"。

	A	B	C
1	食品销售表		
2		饮料	糖果
3	一月	12546	21357
4	二月	13548	19875
5	三月	9875	9687
6	四月	11204	8574
7	五月	13457	7265
8	六月	16982	7259

图 4-57　食品销售表

（2）图表标题输入为"食品销售量表"，字体设置为"黑体""加粗""蓝色""20"。

（3）水平轴标签设置为"黑体""加粗""10"；垂直轴标签设置为"宋体"、"加粗"。

（4）图表区设置为"金色"，图例区设置为"灰色"。

创建的图表效果图如图 4-58 所示。

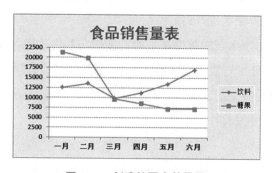

图 4-58　创建的图表效果图

2. 创建“人才信息需求表”的“带数据标记的雷达图”。

（1）根据4-59所示的数据表，制作“人才信息需求表”的“带数据标记的雷达图”。

（2）图表标题输入“人才信息需求表”，字体设置为“黑体”“加粗”“20”、蓝色、浅黄色背景。

（3）“教师人数”和“辅导员人数”图像线条的线型宽度都设置为“3磅”，数据标记都设置为“圆形”“6磅”。

（4）分类标签都设置为“黑体”“加粗”“10”。

（5）图例设置为灰色底纹。

创建的图表效果图如图4-60所示。

	A	B	C
1	人才信息需求表		
2	系部	教师人数	辅导员人数
3	计算机系	5	2
4	护理系	4	2
5	机电系	4	2
6	艺术系	3	4
7	管理系	2	1

图4-59 食品销售表

图4-60 创建的图表效果图

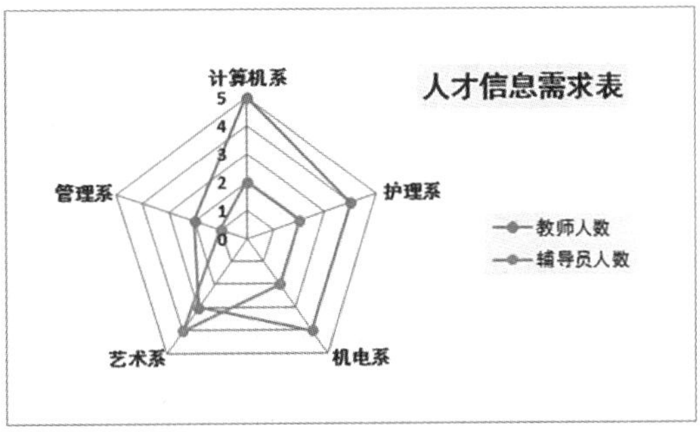

3. 根据数据表内容创建四种“网站访问人数调查”的图表，分别是面积图、条形图、饼图和折线图。

（1）制作“网站访问人数调查”面积图。

① 根据4-61所示的数据表，制作“网站访问人数调查”的“面积图”。

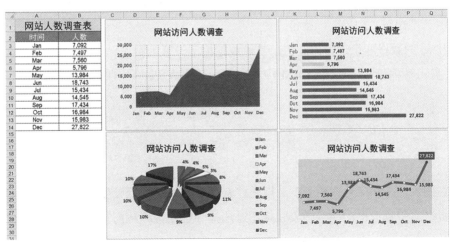

图4-61 四种“网站访问人数调查”图表

②　水平轴标签和垂直轴标签都设置为"宋体""10""加粗"，水平坐标轴和垂直坐标轴的主要刻度线类型都设置为"无"。水平坐标轴的线型设置为3.25磅、深灰色。

③　主要横网格线和主要纵网格线设置为1磅、短划线。

④　图像设置为深红色、透明度为20%。

⑤　将图例隐藏，图表标题设置为"黑体""18""加粗"。

（2）制作"网站访问人数调查"条形图。

①　根据4-61所示的数据表，制作"网站访问人数调查"的"条形图"。

②　主要横坐标轴设置为"无"，纵坐标轴主要刻度线类型设置为"无"，线条颜色设置为"无"，主要纵网格线设置为"无"。

③　纵坐标轴标签设置为"宋体""10""加粗"，排列顺序为Jan至Dec。

④　Apr颜色设置为"浅蓝色"、Dec设置为深红色、其他为深蓝色。

⑤　将图例隐藏，图表标题设置为"黑体""18""加粗"。

（3）制作"网站访问人数调查"饼图。

①　根据4-61所示的数据表，制作"网站访问人数调查"的"分离型三维饼图"。

②　显示数据标签，标签值为"百分比"。

③　Apr颜色设置为黄色、Dec设置为深红色、其他为深蓝色。

④　图表标题设置为"黑体""18""加粗"。

（4）制作"网站访问人数调查"折线图。

①　根据4-61所示的数据表 制作"网站访问人数调查"的"带数据标记的折线图"。

②　主要纵坐标轴设置为"无"，横坐标轴主要刻度线类型设置为"无"，线条颜色设置为"无"，主要横网格线设置为"无"。

③　绘图区填充颜色设置为深橙色、图表区填充色设置为浅橙色。横坐标轴标签设置为"黑体""10""加粗"，蓝色。

④　Dec的数据标记设置为红色、其他数据标记设置为黄色。

⑤　显示数据标签，并按照4-61中折线图中位置放置。

*任务四　制作带复选框的动态图表

动态图表，亦称交互式图表，是指通过鼠标选择不同的预设项目，在图表中动态显示对应的数据。带复选框的动态图表就是通过选择一些复选项从而观察图表中数据的变化。

任务提出

根据"各科成绩分析表"中的"高等数学""大学英语""计算机基础""思想政治"各科成绩的最高分、最低分和平均分,制作带复选框的动态图表,如图 4-62 所示。

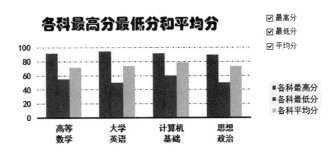

图 4-62 带复选框动态图表的效果图

任务分析

在工作表的数据区域以外,添加辅助列,设置"复选框"控件,如图 4-63 所示。使用 IF 函数与窗体控件复选框建立联系,从而实现由窗体控件控制的动态图表。

图 4-63 "Excel 选项"对话框

1. 辅助列的设置

在 Excel 中制作图表时除单轴图表之外往往需要辅助列来完成图表的整体制作，如果制作完成后不想让辅助列显示出来，可以将辅助列的文字设置为与底纹一样的白色，这样就将辅助列隐藏起来了。

2. 函数的使用

在制作动态图表时往往需要插入各种函数，如 OFFSET 函数、INDEX 函数、IF 函数等，本任务使用的是 IF 函数设置的动态图表。

3. 复选框的添加

添加"复选框"控件，必须先添加"开发工具"选项卡。选择"文件"菜单中"选项"命令，打开"Excel 选项"对话框，单击"自定义功能区"选项，勾选"主选项卡"中的"开发工具"复选项，如图 4-63 所示。"开发工具"选项卡就在主窗口区显示出来。

任务实施

微 课

1. 建立辅助列

根据原数据，建一个相同结构的表作辅助列，如图 4-64 所示。

原数据				
	高等数学	大学英语	计算机基础	思想政治
各科最高分	92	95	92	90
各科最低分	55	50	60	50
各科平均分	72	74	79	73
辅助列					
	高等数学	大学英语	计算机基础	思想政治	判断
各科最高分					
各科最低分					
各科平均分					

图 4-64　建立辅助列表

2. 插入 IF 函数

选择 D8 单元格，插入 IF 函数，输入=IF($H8=TRUE，D3)，如图 4-65 所示。向右拖动文本框到 G8，选择 D9 单元格，插入 IF 函数，输入=IF($H9=TRUE，D4)，向右拖动文本框到 G9，选择 D10 单元格，插入 IF 函数，输入=IF($H10=TRUE，D5)，向右拖动文本框到 G10，如图 4-66 所示。

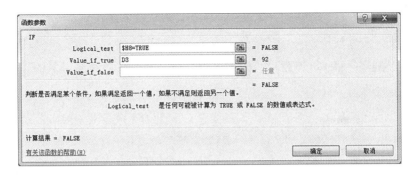

图 4-65 IF 函数参数对话框

	A	B	C	D	E	F	G	H
1	原数据							
2				高等数学	大学英语	计算机基础	思想政治	
3		各科最高分		92	95	92	90	
4		各科最低分		55	50	60	50	
5		各科平均分		72	74	79	73	
6	辅助列							
7				高等数学	大学英语	计算机基础	思想政治	判断
8		各科最高分		FALSE	FALSE	FALSE	FALSE	
9		各科最低分		FALSE	FALSE	FALSE	FALSE	
10		各科平均分		FALSE	FALSE	FALSE	FALSE	

图 4-66 插入 IF 函数

3. 设置"复选框"控件

步骤 1 选择"开发工具"选项卡,在"插入"选项的下拉菜单中选择"复选框(窗体控件)",在 Excel 中绘制三个复选框,复选框后的文字分别输入"最高分""最低分""平均分",如图 4-67 所示。

图 4-67 插入复选框

步骤2 右键单击"最高分"复选框，在弹出的快捷菜单中选择"设置控件格式"效果选项，打开"设置对象格式"对话框，单元格链接中选择"$H$8"单元格，如图 4-68 所示，单击"确定"按钮；同样方法将"最低分"复选框链接到"$H$9"上，将"平均分"复选框链接到"$H$10"上。

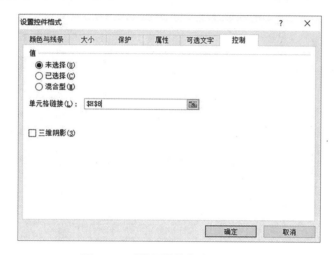

图 4-68　"设置控件格式"对话框

4. 建立簇状柱形图

步骤1 选择 A7:G10 单元格区域，插入"簇状柱形图"。

步骤2 最高分设置为"深蓝色"、最低分设置为"深红色"、平均分设置为"深黄色"。

步骤3 双击"垂直轴"数据，打开"设置坐标轴格式"对话框，在"坐标轴选项"选项卡中将主要刻度单位设置为"20"，在"线条颜色"选项卡中选择"无线条"，双击"水平轴"数据，在"坐标轴选项"选项卡中将"主要刻度线类型"设置为"无"，双击主要垂直轴网格线，将网格线线型设置为"划线-点"类型。

步骤4 水平轴和垂直轴数据均设置为黑体、加粗，添加标题为"各科最高分最低分和平均分"，黑体、加粗、18 号字。

步骤5 在图表区上单击鼠标右击，在弹出的快捷菜单中选择"置于底层"，将图表放置在复选框的下方，调整好位置，如图 4-69 所示。

步骤6 当勾选不同的复选框时，柱形图随之变化，这时动态图表的动态显示如图 4-70 所示。

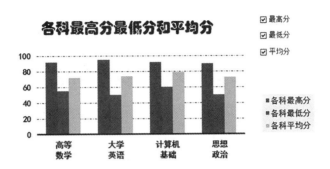

图 4-69　带复选框的动态图表

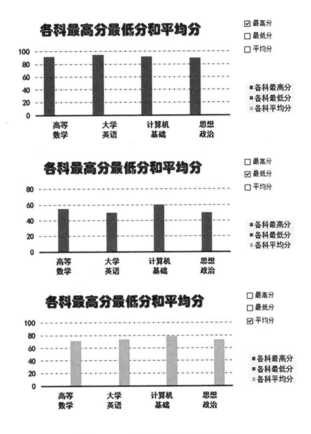

图 4-70　动态图表的动态显示图

任务总结

（1）使用 IF 函数制作动态图表。

用 IF 函数实现的带复选框的动态图表，其 IF 函数的意义，不要死记硬背，如"输入

=IF($H8=TRUE，D3)"，表示如果$H8单元格显示为true，则在单元格中显示D3单元格中的数据，而当$H8单元格与复选框链接后，选中复选框则$H8单元格则显示为true。

（2）使用筛选功能制作动态图表。

制作动态的方法很多，除了使用函数之外还可以使用筛选功能制作动态图表，方法如下。

微 课

步骤 1　选择"学生成绩表"的列标题，在"数据"选项卡中选择"筛选"效果选项，如图4-71所示。数据列标题右侧出现向下箭头按钮，如图4-72所示。

图 4-71　"筛选"选项　　　　　　　　　　图 4-72　筛选项目

步骤 2　选择A1:B6区域，生成"簇状柱形图"，如图4-73所示。

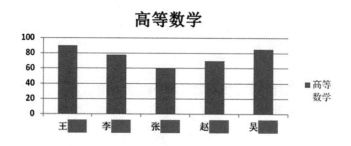

图 4-73　"高等数学"簇状柱形图

步骤 3　单击B1单元格右下角的按钮，打开下拉菜单如图4-74所示，选择"数字筛选"效果选项，子菜单中选择"大于或等于"，打开"自定义自动筛选方式"对话框，如图4-75所示。在"大于或等于"后的数值框中输入70，单击"确定"按钮。图表中自动显示符合条件的数据图像，如图4-76所示。

图 4-74　筛选下拉菜单

图 4-75　"自定义自动筛选方式"对话框

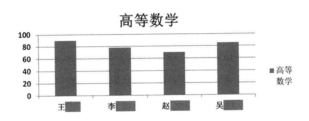

图 4-76　高等数学>=70 的柱形图

同步训练

根据"产品销售对比数据表"中的数据制作带复选框的动态图表。最终效果如图 4-77 所示。

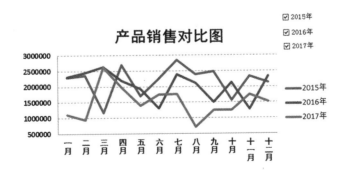

图 4-77　带复选框的动态图表

（1）在销售图右侧制作辅助列，如图 4-78 所示。

	产品销售对比图					2015年	2016年	2017年
	2016年	2017年	2018年					
一月	2,293,379	2,313,156	1,101,820		一月			
二月	2,354,535	2,450,813	942,970		二月			
三月	1,162,860	2,639,118	2,620,629		三月			
四月	2,687,386	2,184,727	1,975,478		四月			
五月	1,701,996	1,925,553	1,397,617		五月			
六月	2,250,056	1,312,138	1,742,058		六月			
七月	2,849,049	2,388,560	1,768,804		七月			
八月	2,386,215	2,121,324	716,969		八月			
九月	2,488,551	1,501,186	1,244,730		九月			
十月	1,557,826	2,122,638	1,236,758		十月			
十一月	2,327,300	1,275,580	1,746,952		十一月			
十二月	2,124,196	2,321,238	1,523,133		十二月			

图 4-78　产品销售对比图

（2）使用 IF 函数设置辅助列中的数据。

（3）插入复选框，名称分别为"2015 年""2016 年"和"2017 年"将复选框链接到 G1、H1、I1 三个单元格上。

（4）插入"簇状柱形图"，添加标题"产品销售对比图"，背景设置为黄色、2015 年图像设置为蓝色，2016 年图像设置为紫色，2017 年图像设置为红色。

（5）水平轴和垂直轴的主要刻度线类型设置为"无"，水平轴标签设置为"垂直放置"。

项目总结

　　本项目的实施是通过对三个任务的学习和实践完成的。第一个任务实现的是工作表的创建和各种类型数据的输入，并对工作表数据进行编辑和格式上的处理。为了让表格看起来更形象和美观，通过设置数字显示方式，设置字体，设置边框和底纹，设置单元格样式等手段对表格进行格式化设置。第二个任务完成了工作表中数据的计算，重点掌握公式和函数的构成及应用。在常用函数的应用中，要掌握函数的使用方法和技巧，针对条件函数要灵活运用。第三个任务是通过实例完成图表的制作和美化过程，认识不同类型的图表及作用。在最后任务四部分通过对动态图表制作的认识，并与静态图表加以比对，动态图表可以从不同角度更加详细地分析数据的特点和规律。

项目训练

针对如图 4-79 所示项目训练的职工工资表，完成相关的计算，制作分析图表。操作要求如下。

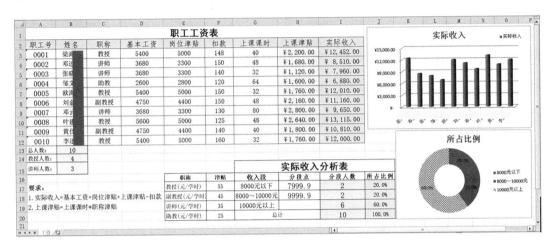

图 4-79　职工工资表

（1）完成相关的计算。

上课津贴=上课课时*职称津贴；

实际收入=基本工资+岗位津贴+上课津贴-扣款；

总人数：用 COUNT 函数计算；

教授人数和讲师人数：用 COUNTIF 函数计算；

分段人数：用 COUNTIF 函数或 FREQUENCY 函数计算；

总计：用 SUM 函数计算；

所占比例：用公式计算"=分段人数/总计"。

（2）计算的数据"上课津贴""实际收入"保留 2 位小数，带上货币符号（人民币）。

（3）创建图表 1：职工实际收入图表，选取姓名、实际收入两列数据，插入簇状圆柱图，纵轴主要刻度单位为"3000"，设置数据系列格式-填充-渐变填充（渐变光圈为蓝色和黄色，延线性向左方向渐变）。

（4）创建图表 2：所占比例图表，选取收入段、所占比例两列数据，插入圆环图，带上数据标签，并给 10 000 元以上所占比例设置数据点格式-填充-图案填充（前景色为绿色的大棋盘）。

（5）重命名工作表：将 sheet1 工作表重命名为"工资"。

项目考核

在线测试（扫右侧二维码进行测试）。

在线测试

项目五　用 PowerPoint 2010
制作演示文稿

【项目描述】

PowerPoint 2010 是 Office 2010 办公软件中另一个重要成员，也是一款专业实用的演示文稿制作工具。它可以轻松制作直观、明了、多用途的演示文稿，比如课件、讲义、宣传片、作品介绍等。

本项目是以演示文稿的制作过程为主线，学习演示文稿的制作方法。包括基本对象的插入、幻灯片外观的设计、幻灯片母版的使用、动画效果的添加以及幻灯片放映方式的设置等内容。制作的作品中遵循形象直观、简捷明了、重点突出的原则，多采用图片、图形、图表、声音、动画和视频等，以加强演示文稿的表达效果。通过对本项目的逐步实践，能够从浅入深、从易到难掌握幻灯片制作的方法与设计的技巧。

【学习目标】

❖　掌握演示文稿的制作和放映。

❖　会给幻灯片添加各种对象。

❖　掌握幻灯片外观的设计和动画效果。

❖　会利用母版统一设置幻灯片格式。

❖　根据需要创建不同风格的幻灯片。

任务一　制作"作品展示"演示文稿

使用 PowerPoint 制作出来的文件叫演示文稿。一个演示文稿由若干张连续幻灯片组成，每张幻灯片既相互独立又相互联系。若想制作具有自己风格和特点的演示文稿，可以先创建空白的幻灯片，然后向幻灯片中插入文本框、图片、表格、图表、组织结构图、超链接等各种自己需要的对象。

本任务完成的是在 PowerPoint 中创建并保存名为"作品展示"的演示文稿文件,包括演示文稿的创建、设计、制作、放映全过程。制作好的"作品展示"演示文稿是由四张幻灯片构成的,在幻灯片浏览视图方式下,其效果如图 5-1 所示。

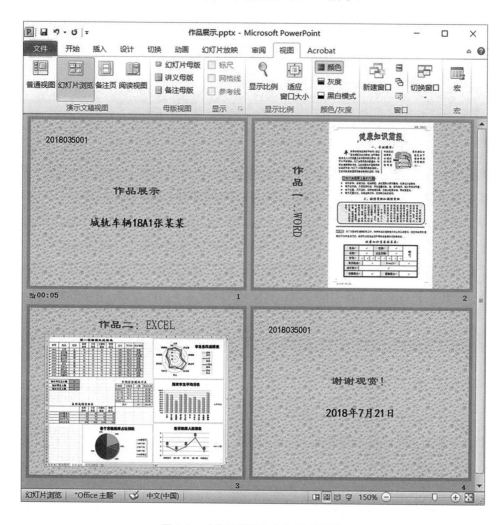

图 5-1 "作品展示"幻灯片效果图

任务提出

1. 幻灯片版式和内容要求

(1)第一张幻灯片选标题幻灯片版式,制作成封面,标题占位符中创建标题文本"作品展示",副标题占位符中创建自己的班级和姓名。

(2)第二张幻灯片选标题和内容版式,标题占位符中创建标题文本"作品一:

Word"。内容区域展示 Word 作品效果图，裁剪并调整好图片的大小和位置。

（3）第三张幻灯片选标题和内容版式，标题占位符中创建标题文本"作品二：Excel"。内容区域展示 Excel 作品效果图，裁剪并调整好图片的大小和位置。

（4）第四张幻灯片选标题幻灯片版式，制作成封底，标题占位符中输入结束语"谢谢观赏！"，副标题占位符中创建制作日期。

2. 幻灯片母版和格式要求

（1）每张幻灯片标题的字体格式：隶书、40 号、深红；副标题的字体格式：楷体、36 号、加粗、深蓝。

（2）幻灯片的背景格式设置为"水滴"纹理填充效果。

（3）在标题幻灯片母版上插入文本框，输入自己的学号（黑体、28 号），并放到左上角的位置。

3. 幻灯片切换和放映效果要求

为每张幻灯片设置切换的动画效果、设置自动换片时间实现自动切换，每张切换时间控制在 20 秒之内。

任务分析

1. 新建演示文稿文件

启动 PowerPoint 2010，系统会自动创建一个名为"演示文稿 1"的文件，其扩展名为".pptx"。PowerPoint 2010 主窗口如图 5-2 所示。默认第一张幻灯片的版式是标题幻灯片，包含标题占位符和副标题占位符的空白幻灯片。这种单独显示演示文稿的主标题和副标题的版式，一般可制作封面和封底。

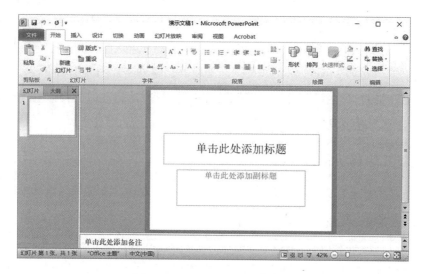

图 5-2　PowerPoint 2010 主窗口

2. 认识幻灯片母版

母版是用于设置演示文稿中每张幻灯片的预设格式，这些格式包括每张幻灯片的标题、正文文字位置和大小、项目符号的样式、背景图案等。PowerPoint 2010 母版的样式分为：幻灯片母版、标题版式母版、标题加内容版式母版、节标题母版等，如图 5-3 所示。

幻灯片母版可以用来统一整个演示文稿的格式与内容，使其具有一致外观。它控制着除使用"标题版式"以外的所有幻灯片上的标题和文本样式、背景图案等相应的设置。标题母版仅控制演示文稿中使用"标题幻灯片"版式的幻灯片。

在对幻灯片编辑中都可以对文字进行格式设置、插入图片以及设置背景格式。但是要想达到格式统一、便捷的设计效果，针对标题格式和背景的设置，可通过幻灯片母版高效地进行设计。选择"视图"选项卡，在"母版版式"组中单击"幻灯片母版"按钮，系统自动切换到"幻灯片母版"选项卡，进入到幻灯片母版编辑状态。

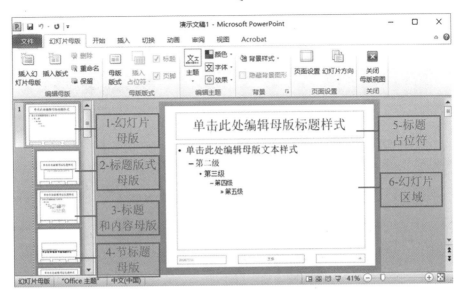

图 5-3　PowerPoint 2010 幻灯片母版视图

微　课

任务实施

1. 新建演示文稿文件，创建第一张幻灯片

步骤 1　单击"开始"→"所有程序"→"Microsoft Office 2010"→"Microsoft PowerPoint 2010"菜单命令，启动 PowerPoint 2010，并创建一个新演示文稿。

步骤 2　第一张幻灯片为标题版式，在标题占位符内输入"作品展示"，在副标题占位符内输入"城轨车辆 18A1 张某某"，制作成封面。

2. 利用母版统一设置字体格式和背景格式

步骤 1　选择"视图"选项卡，在"母版视图"组中，单击"幻灯片母版"按钮，系统自动切换到"幻灯片母版"选项卡。

步骤 2　在打开的"幻灯片母版视图"中，在左边窗格选择第一个"幻灯片母版"，然后在右边编辑区选中"标题占位符"，单击"开始"选项卡，在"字体"选项组中设置字体为隶书、40 号、颜色为深红。

步骤 3　切换到"幻灯片母版"选项卡，在"背景"组单击"背景样式"右边的下拉箭头，选择"设置背景格式"选项，打开"设置背景格式"对话框。选择"填充"效果中的"图片或纹理填充"选项，并在下面"纹理"列表中选择"水滴"效果，如图 5-4 所示。

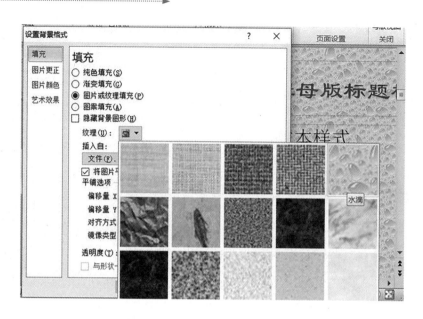

图5-4 "设置背景格式"对话框

步骤4 单击"关闭"按钮，背景格式将会应用到每一张幻灯片中。

步骤5 在左边窗格选择第二个"标题版式"母版，然后在右边编辑区选中"副标题占位符"，设置字体为楷体、36号、加粗、颜色为深蓝。

步骤6 单击"幻灯片母版"选项卡中的"关闭母版视图"按钮，回到普通视图中，幻灯片设计的效果如图5-5所示。

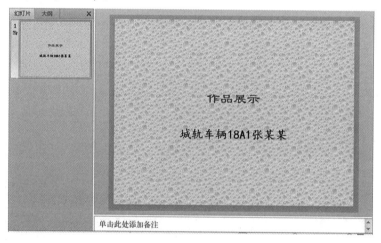

图5-5 第一张封面幻灯片

3. 新建下一张幻灯片，展示作品

步骤1 选择"开始"选项卡，在"幻灯片"组中单击"新建幻灯片"按钮上的下拉箭头，在打开的下拉列表中选择"标题和内容版式"，插入一张新幻灯片。如果想要更改该幻灯片的布局也可改换版式，单击该组中"版式"旁边的下箭头，打开 Office 主题列表进行选择，常见的版式有"标题"版式、"标题和内容"版式、"空白"版式、"两栏内容"版式等，如图 5-6 所示。

图 5-6　PowerPoint 2010 幻灯片版式

步骤 2　可以看到母版中设置的标题格式和背景格式均已应用到新幻灯片上。在标题占位符内输入"作品一：Word"，并单击"绘图工具-格式"选项卡中的"文字方向"，并选择"竖排"，调整好位置；可以删除掉内容占位符。

步骤 3　将前面完成的 Word 和 Excel 作品制作成幻灯片。把 Word 题打开，调整好显示比例，在作品全显状态下，按【PrintScreen】键截屏或按【Alt+PrintScreen】键截窗口，并粘贴到当前幻灯片上。

步骤 4　粘贴图片后，要想让图片呈现好的视觉效果，需要注意图片的剪裁和大小调整。将图片多余的边缘裁掉，选中图片→"图片工具-格式"→"裁剪"工具，修剪图片，最后调整好图片大小及位置。

步骤 5　同上面 4 个步骤制作第三张 Excel 作品幻灯片（完整内容包括数据表、计算结果、图表），标题为"作品二：Excel"。第二、第三张幻灯片如图 5-7 所示。

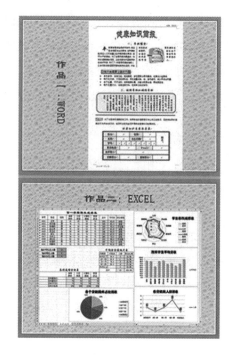

图 5-7　第二、第三张幻灯片

4. 制作第四张幻灯片：封底（结束语），观看放映

步骤 1　单击"新建幻灯片"，选择"标题版式"，插入一张新幻灯片。标题占位符中输入结束语"谢谢观赏！"，副标题占位符中"插入"→"日期和时间"→选择日期格式→"确定"。

步骤 2　选择"幻灯片放映"选项卡，在"开始放映幻灯片"选项组中单击"从头放映"或"从当前幻灯片开始"向后播放。也可按功能键【F5】从头开始放映幻灯片，观看效果。

5. 在母版上插入对象

步骤 1　选择"视图"选项卡，在"母版视图"选项组中单击"幻灯片母版"按钮，切换到"幻灯片母版"选项卡。

微　课

步骤 2　在左边窗格选择第二个"标题版式"母版，然后单击"插入"选项卡"文本"组中的"文本框"选项，选择"横排文本框"，在幻灯片编辑区单击会出现一个文本框，在文本框中输入自己的学号，并设置字体为 28 号字黑体。

步骤 3　选择"幻灯片母版"选项卡，单击"关闭母版视图"按钮，回到普通视图中，所有标题版式的幻灯片上均有学号，如图5-8所示。

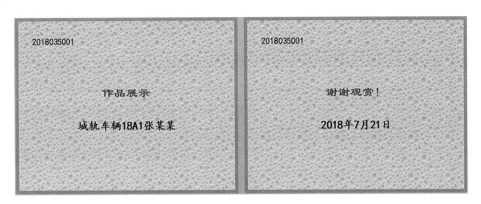

图5-8　"标题版式"母版插入学号文本框效果图

在母版中插入的对象会出现在所有相同版式的幻灯片中，反之，如果在普通视图下插入对象，只能出现在当前幻灯片中。

6. 幻灯片切换和放映效果的设置

幻灯片的切换效果是指放映两张幻灯片之间的过渡效果。设置幻灯片换片方式，设置为自动换片，时间控制在20秒之内。

步骤1　选中第一张幻灯片，选择"切换"选项卡，在"切换到此幻灯片"选项组中单击切换效果列表右边的展开按钮，从列表中选择一种效果，比如，"百叶窗"。

步骤2　在"计时"组，勾选换片方式为自动换片，并设置时间为5秒。设置的结果如图5-9所示。

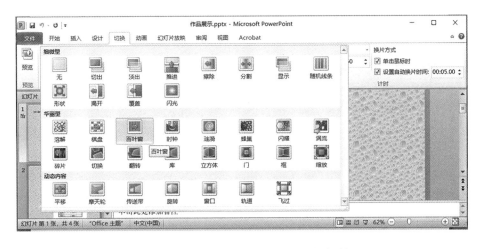

图5-9　设置幻灯片切换效果和自动换片时间

步骤 3　同理，为每一张幻灯片添加切换效果和自动换片时间。按【F5】键观看放映。

7. 保存演示文稿

对创建的演示文稿进行保存，单击"保存"按钮，打开"另存为"对话框，确定保存位置、文件名为"作品展示"，单击"保存"按钮。保存 PowerPoint 2010 演示文稿时，默认的扩展名为"pptx"。如果要在 PowerPoint 2010 版本以下环境中打开或编辑文件，则需保存为"PowerPoint 97-2003 演示文稿(*.ppt)"；如果只用于播放可以选择保存的类型为"PowerPoint 放映(*.ppsx)"。

任务总结

（1）占位符。

在幻灯片编辑区带有虚线边框的编辑框被称为占位符。标题占位符可在其中输入标题文本、文本框占位符可输入正文文本，内容占位符可插入图片、表格、图表等对象。不同的幻灯片版式占位符的类型和位置也不同。

（2）视图模式。

PowerPoint 2010 提供了普通视图、幻灯片浏览视图、阅读视图和幻灯片放映视图几种视图模式。其中，普通视图是 PowerPoint 2010 默认的视图模式，主要用于制作演示文稿；在幻灯片浏览视图中，幻灯片以缩略图的形式显示，从而方便用户浏览所有幻灯片的整体效果；阅读视图是以窗口的形式来查看演示文稿的放映效果；幻灯片放映视图用来从选定的幻灯片开始，以全屏形式放映演示文稿中的幻灯片。新建一张幻灯片以及对幻灯片的复制、移动、删除等编辑操作都在普通视图和浏览视图中完成。

同步训练

1. 将完成的 Word 和 Excel 作品，制作成如图 5-10 所示的幻灯片。

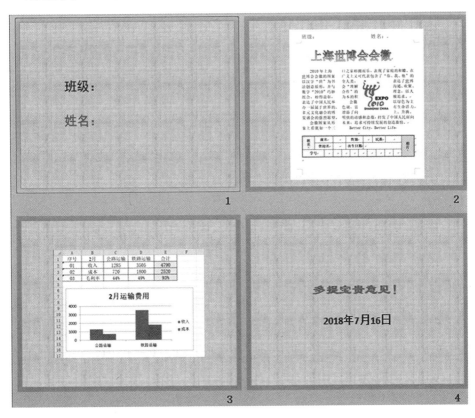

图 5-10　提交作业幻灯片 1

Word 作品要求：按照下面给定的效果排版和制表。

（1）页面布局：纸张大小是 16 开，页边距为上 2.54 厘米、下 10 厘米、左 3 厘米、右 3 厘米，版式里的页脚为 8 厘米。

（2）页脚需填写自己的真实姓名和班级。

Excel 作品要求：按照下面给定的数据创建 Excel 表格、计算"合计"、创建图表。

PPT 制作要求：

（1）由四张幻灯片组成，第一、第四张幻灯片为标题版式，插入第二、第三张幻灯片选择"空白"版式。在"设计"选项卡中的"背景样式"，设置背景格式填充纹理为"纸莎草纸"，并全部应用到所有幻灯片中。

提　示

用【PrintScreen】键抓屏、截图的方法，将作业题粘贴到幻灯片中，"裁剪"图片并调整好大小和位置。

（2）给每一张幻灯片添加切换效果、自动换片时间，实现自动放映，最后观看放映幻灯片（按【F5】）。

2. 将完成的 Word 和 Excel 作品，制作成如图 5-11 所示的幻灯片。

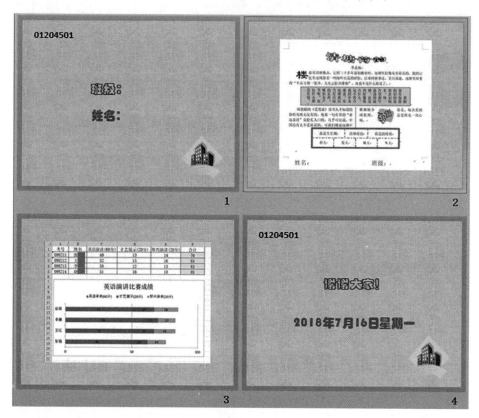

图 5-11　提交作业幻灯片 2

（1）Word 作品要求如下：

① 页面布局：纸张大小是 16 开，页边距为上 2.4 厘米、下 12 厘米、左 1.9 厘米、右 1.9 厘米，版式里的页脚为 11 厘米。

② 页脚需填写自己的真实姓名和班级。

（2）Excel 作品要求如下：

按照下面给定的数据创建 Excel 表格、计算"合计"、创建图表。

（3）PPT 制作要求如下：

① 由四张幻灯片组成，第一、第四张幻灯片为标题版式，插入第二、第三张幻灯片

选择"空白"版式。利用幻灯片母版设置背景格式填充纹理为"画布"；在标题幻灯片版式的母版中插入文本框并输入学号，插入剪贴画，设置标题占位符字体格式为 40 号紫色华文彩云，副标题占位符字体格式为 40 号蓝色华文琥珀。

提　示

用【PrintScreen】键抓屏、截图的方法，将作业题粘贴到幻灯片中，"裁剪"图片并调整好大小和位置。

② 给每一张幻灯片添加切换效果、自动换片时间，实现自动放映，最后观看放映幻灯片（按【F5】）。

任务二　制作"个人简介"演示文稿

"个人简介"演示文稿如图 5-12 所示。

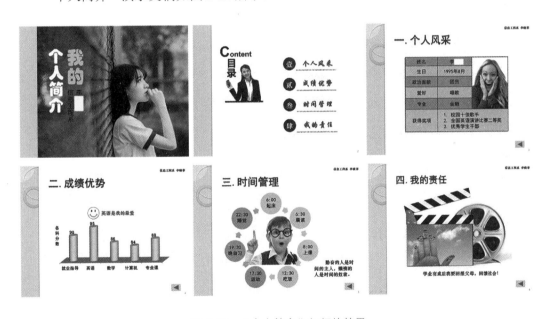

图 5-12　"个人简介"幻灯片效果

本任务完成的是使用 PowerPoint 创建"个人简介"演示文稿的方法。它是由六张幻灯片构成，包括"封面""目录""个人风采""成绩优势""时间管理""我的责任"，其设计效果如图 5-12 所示。学习各种元素的插入方法、模板的设置、幻灯片的动画效果设置以及幻灯片的放映设置等操作。

任务提出

1. 幻灯片中各种元素的添加

（1）为"封面"幻灯片中添加"人物"背景图片和文本。

（2）为"目录"幻灯片制作人物剪影标志和四个标题"文本框"。

（3）为"个人风采"幻灯片添加"表格"。

（4）为"成绩优势"幻灯片插入"柱形图"。

（5）为"时间管理"幻灯片插入"SmartArt"图形中的"循环图"。

（6）为"我的责任"幻灯片插入"视频文件"。

（7）将"目录"幻灯片中的文本框链接到对应的幻灯片上，并添加返回链接。

（8）为幻灯片添加编号。

2. 母版和模板的应用

（1）在幻灯片母版中为第三至六张幻灯片添加文本"信息工程系李晓菲"。

（2）为所有幻灯片统一添加"夏至"背景的模板。

3. 幻灯片动画效果的添加

（1）为幻灯片的每一个元素添加"进入效果"动画。

（2）为每一张幻灯片添加切换效果。

4. 设置幻灯片放映

为幻灯片设置排练计时，实现自动放映。

任务分析

1. 幻灯片背景的设计

为了让幻灯片看起来更加美观，用户需要先对幻灯片背景进行一些美化设置。在 PowerPoint 2010 中，背景的设置功能主要集中在"设计"选项卡中，如图 5-13 所示。它不但为用户提供了各种颜色和风格的"主题"模板，还能让用户根据自己的需要调整模板的配色方案。

图 5-13　"设计"选项卡

2. 超链接的添加

在演示文稿中添加超链接可以实现幻灯片之间的跳转。在超链接的添加过程中，用户可以将文本框等元素链接到任意幻灯片上，并添加返回链接，也可为幻灯片与其他文档间建立相应的链接。

3. 幻灯片动画效果的设计

幻灯片动画效果包括进入、强调、退出和动作路径四类。进入效果是设置所选对象出现在幻灯片上的动画效果，强调效果是为了突出显示所选对象而添加的效果，退出效果是设置所选对象从幻灯片上消失的动画效果，动作路径是设置所选对象在幻灯片上移动的轨迹，它可以是直线、曲线、图形样式等。在 PowerPoint 2010 中，动画效果主要集中在"动画"选项卡中，如图 5-14 所示。

图 5-14　"动画"选项卡

4. 幻灯片自动放映设置

若要实现幻灯片自动放映，可以设置排练计时。排练计时是指在放映幻灯片时，记录下放映每张幻灯片的效果所用时间，以便以后自动播放。在"幻灯片放映"选项卡中选择"排练计时"即可设置。

任务实施

微　课

1. 设置幻灯片的版式

在"开始"选项卡的"新建幻灯片"下拉菜单中分别选择"空白"和"标题和内容"版式，分别创建两张"空白"版式幻灯片和四张"标题和内容"版式幻灯片。

2．设置主题背景

选择"设计"选项卡，单击"主题"选项的下拉列表按钮，在展开的"主题"中选择"夏至"效果选项，在幻灯片浏览视图中的设置效果如图5-15所示。

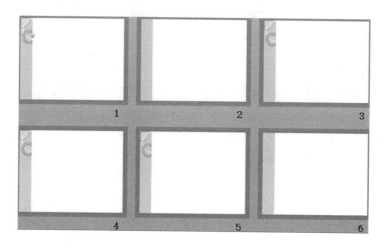

图5-15　"夏至"主题

3．设置母版

选择"标题和内容"版式的幻灯片，在"视图"选项卡中打开"幻灯片母版"视图，插入文本框，输入文本"信息工程系李晓菲"，文字设置为"宋体""12"号。设置完后单击"关闭母版视图"回到幻灯片视图。

4．"封面"幻灯片的制作

步骤1　在第1张幻灯片窗口中单击"插入"选项卡，选择"图像"选项组中的"图片"选项，打开"图片"对话框，如图5-16所示，选择"图片1"图片，单击"打开"按钮。在幻灯片编辑窗口调整图片大小使其铺满幻灯片；选择"图片工具-格式"选项卡"大小"选项组中的"裁剪"按钮，裁剪图片左右边缘。

微　课

步骤2　单击"插入"选项卡，选择"文本"选项组中的"文本框"选项，在打开的下拉列表中选择"垂直文本框"选项，输入"我的个人简介"，在"我的"两字后面按回车键将文本框中的文字分段放置。选择文本框中"我的"两字，将字体格式设为"华文琥珀""75""黄色"，选择文本框中"个人简介"，将字体格式设为"华文琥珀""65""白色"。

图 5-16 "插入图片"对话框

步骤3 同样，再插入"垂直文本框"，输入"信息工程系"，将文字设置为"黑体""28""红色"；插入"垂直文本框"，输入"李××"，将文字设置为"黑体""28""黑色"。将文本框放置在合适的位置，封面效果如图 5-17 所示。

图 5-17 封面的效果图

5. "目录"幻灯片的制作

步骤1 在第 2 张幻灯片窗口中，插入"水平文本框"，输入"Content"，其中字母 C 设置为"黑色""Arial""60""加粗"，其余字母设置为"黑色""Arial""30""加粗"；插入"垂直文本框"，输入"目录"，设置为"微软雅黑""40""加粗"。

步骤2 插入图片"图片 2"，在"图片工具-格式"选项卡的"颜色"下拉菜单中选择"设置透明色"效果选项，单击人物图片的背景白色区域，删除背景将人物从白色背景中抠出。

步骤 3 在"插入"选项卡的"形状"下拉菜单中选择"直线"，绘制直线为"深蓝色""6磅"，将文本框、图片和直线按图5-18位置放置。

图 5-18 目录插图效果

步骤 4 绘制"圆形"，在圆形上右击鼠标，快捷菜单中选择"编辑文字"，输入"壹"，圆形设置为"深蓝色"，文字设置为"白色""华文中宋""加粗"效果；绘制"水平文本框"，输入"个人风采"，文字设置为"华文行楷""深红色""加粗""32"效果；绘制深蓝色直线，将直线设置为"3磅""圆点虚线"效果，同样方法设置"成绩优势""时间管理""我的责任"文本框。

步骤 5 同时选中"圆形""文本框"和"直线"，右击鼠标，快捷菜单中选择"组合"命令，将三个图形组合起来，同样方法组合"成绩优势""时间管理""我的责任"文本框，效果如图5-19所示。

壹 个人风采

贰 成绩优势

叁 时间管理

肆 我的责任

图 5-19 对象组合效果

6. "个人风采"幻灯片的制作

步骤1 选择第 3 张幻灯片，在"标题"占位符中输入"一、个人风采"，在"文本"占位符中选择"表格"图标，插入一个 6 行 3 列的表格。选择插入的表格，打开"表格工具-布局"选项卡，在"表格尺寸"选项组中输入"高度 7.5 厘米""宽度 13 厘米"。

微 课

步骤2 将第三列和最后一行单元格的距离拉大，选择第三列前五个单元格，右击鼠标在快捷菜单中选择"合并单元格"效果选项，同样方法将第三行后两个单元格合并成一个单元格。在表格中输入文字，将文字设置为"黑体""20""黑色"。

步骤3 选择第一行单元格，在"图表"工具栏的"设计"选项卡中选择"底纹"效果选项，下拉菜单中选择"其他填充颜色"效果选项，打开"颜色"对话框，在"自定义"选项卡的 RGB 值中分别输入"253""175""153"，同样方法将第三行和第五行单元格设置成该颜色效果；将第二、第四、第六行单元格的底纹颜色设置为浅橙色（RGB(250,205,174)）效果。

步骤4 在幻灯片中插入"图片 3"。将图片放置在第三列合并的单元格处。选择图片，在"图片工具-格式"选项卡的"图片边框"下拉菜单中选择"黑色"效果。个人风采幻灯片的效果如图 5-20 所示。

图 5-20 第 3 张幻灯片的效果图

7. "成绩优势"幻灯片的制作

步骤1 选择第 4 张幻灯片，在"标题"占位符中输入"二、成绩优势"，在"文本"占位符中选择"图表"图标，插入"簇状圆柱图"，在数据表中输入数据如图 5-21 所示。

输入完成后关闭数据表，在幻灯片窗口自动生成图表。

	A	B
1		分数
2	就业指导	90
3	英语	95
4	数学	86
5	计算机	84
6	专业课	88

图5-21 输入数据表数据

步骤 2 在图表中隐藏"图例"和"主要纵坐标轴"和"主要横网格线"；柱形图的基底颜色设置为粉红色（RGB(253,157,153)）显示数据标签；柱形图像设置为浅橙色（RGB(250,205,174)）；将"主要纵坐标轴标题"设置为"垂直标题"。

步骤 3 在"插入"选项卡中插入"笑脸"剪贴画；插入"水平文本框"输入"英语是我的最爱"，将剪贴画和文本框放置在95分上方，幻灯片效果如图5-22所示。

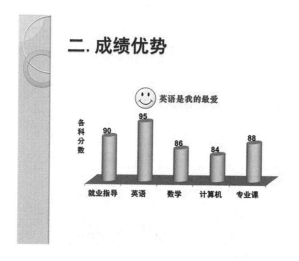

图5-22 第4张幻灯片效果图

8. "时间管理"幻灯片的制作

步骤 1 选择第5张幻灯片，在"标题"占位符中输入"三.时间管理"，在"文本"占位符中选择"插入SmartArt图形"图标，打开"插入SmartArt图形"对话框，选择"循环"选项卡中的"基本循环图"如图5-23所示。

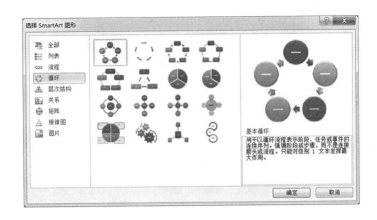

图 5-23 选择 SmartArt 图形

选择插入的"循环"图形，打开"设计"选项卡，单击"添加形状"按钮，下拉菜单中选择"在后面添加形状"效果选项，插入两个圆形文本框。依次输入"6:00 起床""6:30 晨读""8:00 上课""12:30 吃饭""17:30 运动""19:30 晚自习""22:30 睡觉"。

步骤 2 选择"6:00 起床""6:30 晨读""8:00 上课""12:30 吃饭"四个圆形文本框和四个箭头将其设置为浅橙色（RGB：250,205,174)），选择"17:30 运动""19:30 晚自习""22:30 睡觉"三个文本框和三个箭头，将其设置为粉红色（RGB(253,157,153)）。

步骤 3 将"图片 4"插入幻灯片中，白色背景去除，并将图片放置在幻灯片的底层，设置效果如图 5-24 所示。

图 5-24 "循环"图形设置

步骤 4 插入水平文本框，输入"勤奋的人是时间的主人，懒惰的人是时间的奴隶。"文字设置为"华文中宋""20""加粗"。第 5 张幻灯片效果如图 5-25 所示。

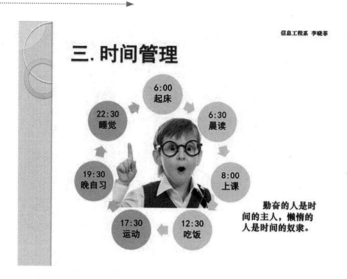

图 5-25　第 5 张幻灯片效果图

9. "我的责任"幻灯片的制作

步骤 1　选择第 6 张幻灯片，在"标题"占位符中输入"四. 我的责任"，在幻灯片中插入"图片 5"作为背景点缀，在"插入"选项卡中选择"视频"选项，下拉菜单中选择"文件中的视频"选项，打开"插入视频文件"对话框，选择"family 视频文件"，如图 5-26 所示。单击"插入"按钮。将视频插入幻灯片后拖动边框边角调整视频大小，将其放置在合适的位置。

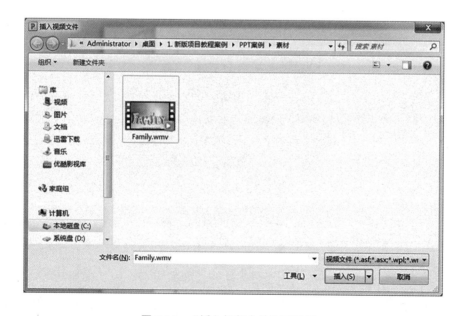

图 5-26　"插入视频文件"对话框

步骤2 选择插入的影片，在"视频工具"的"格式"选项卡中选择"标牌框架"按钮，下拉菜单中选择"文件中的图像"效果选项，打开"插入图片"对话框，选择"图片6"，单击"插入"按钮。

步骤3 文字的设置：插入"水平文本框"，输入文字"学业有成后我要回报父母，回馈社会！"，将文字设置为"微软雅黑""白色""加粗"。第6张幻灯片制作效果如图5-27所示。

图5-27 第6张幻灯片效果图

10. 超链接效果的添加

步骤1 选择"目录"幻灯片中的"个人风采"文本框，在"插入"选项卡中选择"超链接"效果选项，打开"插入超链接"对话框，在"链接到"区域选择"本文档中的位置"，在"请选择文档中的位置"区域选择"一、个人风采"，如图5-28所示，单击"确定"按钮；同理，将"成绩优势"文本框链接到"二、成绩优势"幻灯片中；将"时间管理"文本框链接到"三、时间管理"幻灯片中；将"我的责任"文本框链接到"四、我的责任"幻灯片中。

微 课

步骤2 选择"个人风采"幻灯片，在"插入"选项卡中选择"形状"选项，下拉菜单中选择"动作按钮"中的"后退或前进一项"按钮，如图5-29所示。

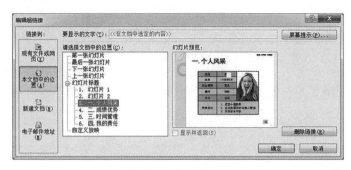

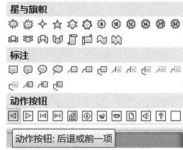

图 5-28　添加超链接　　　　　　　　　　　图 5-29　选择动作按钮

步骤 3　在幻灯片的右下角拖动鼠标，画出长方形按钮，释放鼠标后打开"动作设置"选项卡，如图 5-30 所示，在"超链接到"下拉菜单中选择"幻灯片"效果选项，打开"超链接到幻灯片"对话框，选择"幻灯片 2"选项，如图 5-31 所示，单击"确定"按钮。在"动作设置"对话框中选择"确定"按钮。将按钮的颜色设置为浅橙色（RGB(250,205,174)）。

图 5-30　"动作设置"对话框　　　　　　　图 5-31　"超链接到幻灯片"对话框

步骤 4　将按钮分别复制到"二、成绩优势""三、时间管理""四、我的责任"幻灯片中。

11．页码的添加

在"插入"选项卡中选择"幻灯片编号"为所有幻灯片添加幻灯片页码。

微　课

12. 切换效果的添加

在"幻灯片视图窗口"中选择六张幻灯片，单击菜单栏中的"切换"选项，打开"切换"选项卡，选择"推进"效果选项，如图 5-32 所示。

图 5-32　"幻灯片切换"选项卡

13. 动画效果的添加

步骤 1　选择"封面"幻灯片中的"我的个人简介"文本框，在"动画"选项卡中选择"添加动画"效果选项，下拉菜单中选择"更多进入效果"，打开"添加进入效果"对话框，选择"向内溶解"效果，如图 5-33 所示。选择"动画刷"选项，如图 5-34 所示，将"信息工程系"和"李晓菲"文本框设置为该效果，将第三至第六张幻灯片的元素都设置为"向内溶解"效果。

图 5-33　"添加进入效果"对话框

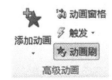

图 5-34　动画刷工具

步骤 2　选择"目录"幻灯片中的"个人风采"的组合图形，在动画的"进入效果"

选项卡中选择"擦除"效果选项，在"效果选项"下拉菜单中选择"自左侧"。同样方法将"成绩优势""时间管理""我的责任"组合图形设置为"自左侧"的"擦除"效果，如图 5-35 所示。

图 5-35 "擦除"的效果选

14. 幻灯片的放映

步骤 1 在"幻灯片放映"选项卡中选择"排练计时"效果选项，录制幻灯片放映过程，放映完成后保存排练计时，如图 5-36 所示，单击"是"。

图 5-36 "排练计时"选项

步骤 2 单击功能键【F5】按钮，自动放映幻灯片，观看效果。

任务总结

（1）幻灯片对象的插入。

在幻灯片的"插入"选项卡中可以实现多种元素的添加，包括表格、图片、剪贴画、形状、SmartArt 图形、图表、超链接、页码、视频的添加，它们的添加方法与 Word 和 Excel 中相同元素的添加方法相同。

① 添加文本。在 PowerPoint 2010 中添加文字最常用的方法是在"文本框"或者"占位符"中输入文字，除此之外，还可以在幻灯片中添加各种"艺术字"效果，或者在各种绘制的"自选图形"中添加文字。PowerPoint 自带的文字效果是有限的，如果想添加更多

的文字效果，可以从网上下载并进行安装。

②添加图片与剪贴画。图片是幻灯片中常见的元素，常见的图片格式有BMP、JPG、PNG、WMF等，在以上这些格式中，WMF是矢量图，其他格式的图片是位图。两者的区别在于位图放大后会变模糊，而矢量图则可以任意放大。所以在幻灯片中插入图片要注意图片的清晰度，不要将模糊不清的图片插入其中影响效果。

插入图片后，要想让图片呈现好的视觉效果，需要注意图片的剪裁、排列及形状设置等内容。在"格式"选项卡的"调整"功能区可以对图片的"亮度"和"对比度"进行设置，也可以通过幻灯片整体的风格为图片"重心着色"。在"图片样式"功能区可以为幻灯片添加各种边框效果、更改各种形状，也可以为它添加各种投影立体效果等；在"排列"功能区，可以对多张图片的放置位置进行设置，也可以对图片的方向进行调整。在图片大小的功能区可以对图片设置具体的宽度和高度，也可以对图片多余的边缘进行裁剪。

③添加SmartArt图形。SmartArt图形是各种图形组合的概念图，它包括列表、流程、循环、层次结构、矩阵、棱锥图等图示结构。在幻灯片中插入SmartArt图形能帮助听众以可视化的方法了解少量文本或者数据之间的关系，创建好SmartArt图形后可以在图形上的"文本框"中输入文本，也可以在图形旁边显示的"文本窗格"中输入文字。

④添加表格。使用表格可以将琐碎的数据有规律得罗列出来，在表格的使用中，用户可以在幻灯片版式中插入表格，也可以将Word或者Excel中的表格直接粘贴过来。在对表格的美化中，用户可以对表格文字、背景、样式、布局等进行具体的设置。

⑤添加图表。图表可以使数据直观化、形象化。它包括柱形图、条形图、折线图、饼图等12种图表。用户可以根据观众和场合的不同选择性地显示这些元素。如果是引用其他参考资料的数据还要标明资料的来源，这可以体现出数据的严谨性。

⑥添加视频。PowerPoint 2010演示文稿可以插入.mpg、.mpeg、.asf、.wmv、.avi等类型的视频文件。如果要调整视频窗口的大小，先要选择该视频，然后拖动边框边角上的句柄，拖动时注意不要只调整一个方向上的尺寸使图片失真，一定要拖动边角上的选择句柄。当视频放大之后想重设原来的视频大小时，用户可以在视频上右键单击鼠标在快捷菜单中选择"大小和位置"选项，打开"大小和位置"对话框，选择"重设"按钮。

（2）幻灯片模板的设置。

打开"设计"选项卡，在"主题"选项组中单击选择自己需要的主题样式模板，这时当前窗口中的所有幻灯片都会设置成该样式，如果需要只设置某一张幻灯片成为该样式，其他幻灯片不变，则需要右键单击该主题模板，在弹出的快捷菜单中选择"应用于选定幻灯片"。

（3）幻灯片放映的设置。

幻灯片的放映分为手工放映和自动放映。默认情况下，PowerPoint 2010放映幻灯片是按照预设的演讲者放映方式进行的。但根据放映时的场合和放映需求不同还可以设置其他的放映方式。

在"幻灯片放映"选项卡中选择"设置幻灯片放映"选项，打开"设置幻灯片放映"对话框，如图 5-37 所示。在放映类型中，用户可以设置放映的类型及各种效果，其中，"演讲者放映"可以实现演讲者播放时的自主性操作，在播放中可以随时暂停、添加标记等；"观众自行浏览"方式是非全屏放映方式，通过窗口中的翻页按钮用户可以按顺序放映或者选择放映幻灯片；"在展台浏览"方式可以全屏循环放映幻灯片，在放映期间，只能用鼠标指针选择屏幕对象，其他功能均不可使用，终止时按【Esc】键。

（4）幻灯片放映中为重点内容做标记。

为了突出显示放映画面中的某个内容，可以为它加上着重标记线。在放映屏幕上右击鼠标，快捷菜单中选择"指针选项"，在子菜单中选择"笔"或者"荧光笔"选项即可在幻灯片放映时画出着重线，在"墨迹颜色"中可以选择自己喜欢的颜色，如图 5-38 所示。按字母键 E 可以清除着重线，选择"箭头"选项可返回鼠标指针状态。

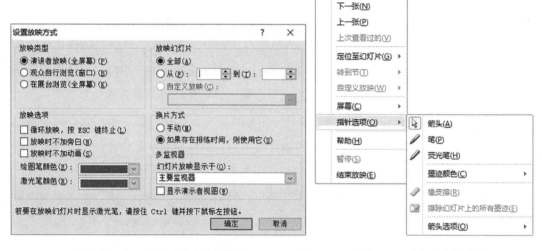

图 5-37　"设置放映方式"对话框　　　　　图 5-38　"指针"子菜单

同步训练

1. 制作"我的学习生活"的幻灯片，效果如图 5-39 所示。

（1）在第一张幻灯片的标题占位符中输入"我的学习生活"，副标题占位符中输入"赵雨"。并在幻灯片的右下角插入剪贴画。

  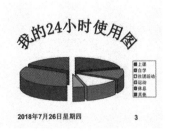

图5-39　"我的学习生活"幻灯片效果图

（2）在第二张幻灯片中插入作息时间表，将"我的作息时间表"标题字体设置为"宋体"，字号设置为"54磅"，颜色设置为红色、并"加粗"。表格底纹设置为蓝色，外边框颜色设置为黑色，内边框颜色设置为白色。表格内所有字体设置为"宋体"、字号为"40磅"、颜色为白色，并将其"加粗""居中"。

（3）在第三张幻灯片中插入"分离型三维饼图"，"时间分配"数据，数据表内容如图5-40所示。

		A 上课	B 自学	C 社团活动	D 运动	E 休息	F 其他
1 ●	我的一天时间分配(单位/小时)	5	3	3	1	8	4

图5-40　分离型三维饼图时间分配数据

（4）将饼图中表示"上课""自学""社团活动""运动""休息""其他"部分的颜色依次设置为蓝色、紫红色、黄色、绿色、红色、棕红色。

（5）在幻灯片母版中添加日期时间，日期字体设置为"28磅""加粗"。

（6）添加幻灯片编号，编号字体设置为"28磅""加粗"。

（7）为第一张幻灯片添加绿色背景，为第二、第三张幻灯片添加黄色背景。

（8）为三张幻灯片添加动画效果，动画效果自定。

（9）为幻灯片添加背景音乐，音乐自定。

（10）自动放映幻灯片，时间控制在30秒之内。

2. 制作"我的优势"的幻灯片，效果如图5-41所示。

（1）在第一张幻灯片中插入两个水平文本框，分别输入"英语能力强"和"综合成绩优秀"，将文本框填充颜色设置为淡黄色，线条设置为黑色、"实线""5磅"。并将其添加"阴影样式2"的阴影效果。

（2）在第一张幻灯片中添加"竖卷型"，添加文字"我的优势"，"竖卷型"颜色设置为红色，字体颜色设置为白色。

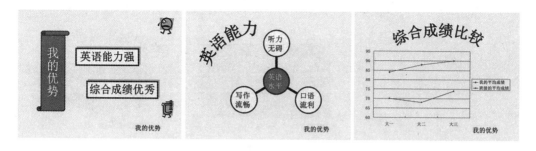

图 5-41 "我的优势"幻灯片效果图

（3）为第一张幻灯片添加剪贴画。

（4）为第二张幻灯片添加"射线图"，正中间的圆形图框中输入"英语水平"，图框颜色设置为红色，字体颜色设置为白色。其他的图框中分别输入"听力无碍""写作流畅""口语流利"，图框颜色设置为浅黄色。

（5）在第三张幻灯片中建立折线图，"成绩"，成绩数据内容如图 5-42 所示。

		A	B	C	D
		大一	大二	大三	
1	我的平均成绩	84	88	90	
2	班级的平均成绩	70	68	74	

图 5-42 折线图数据

（6）为第二、第三张幻灯片添加艺术字"英语能力""综合成绩比较"。

（7）在幻灯片母版中添加页脚"我的优势"，字体"楷体""18 磅""加粗"，位置在幻灯片右下角。

（8）在幻灯片母版中添加淡蓝色背景。

（9）将第一张幻灯片中的"英语能力强"文本框链接到第二张幻灯片上，并添加返回链接。将"综合成绩优秀"文本框链接到第三张幻灯片上，也添加返回链接。

（10）为三张幻灯片添加"幻灯片切换"效果，切换效果自定。

（11）为第二、第三张幻灯片添加音乐，音乐自定。

（12）用自定义放映效果放映第二和第三张幻灯片，幻灯片放映名称为"我的优势"。

3．制作"自我规划"的幻灯片，效果如图 5-43 所示。

（1）在第一张幻灯片中插入四个"圆形"分别输入"自""我""规""划"，填充颜色设置为红色，线条颜色设置为黑色、"5 磅"。标题框中输入"张莹"。

（2）在第二张幻灯片中选择"标题和文本"版式，输入文字。字体设置为白色、字号设置为"48 磅"，并将其"加粗"。将"文本"占位符填充颜色设置蓝色，线条设置为红色、"圆虚线""10磅"。

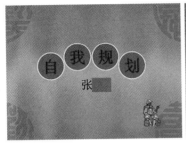  

图 5-43 "自我规则"幻灯片效果图

（3）为第二张幻灯片添加剪贴画。

（4）为第三张幻灯片添加"棱锥图"。棱锥从下向上依次输入"学好课堂知识""考取资格证书""择业"，三部分的颜色从下向上分别设置为黄色、蓝色、红色，字体颜色分别设置为黑色、白色、白色。

（5）为第三张幻灯片添加艺术字标题"我的计划"。

（6）在幻灯片母版中插入剪贴画。

（7）将幻灯片背景设置为应用设计模板中的"欢天喜地"效果。

项目总结

本项目通过对两个任务的分析与实施，详细讲述了如何使用 PowerPoint 2010 制作演示文稿。任务 1 主要让学生在展示自己作品的实施过程中，快速掌握幻灯片制作的全过程，包括幻灯片的创建、幻灯片版式的使用、幻灯片"内容"的设置、"背景"的添加，母版的利用以及文字、图片的添加、幻灯片"切换效果"的设置和幻灯片的"放映"。

任务 2 主要让学生掌握如何设计和创作个性化的演示文稿，主要包括三个方面的内容，一是幻灯片内容的添加，包括文字、表格、组织结构图、图表、剪贴画、音乐、视频等多媒体元素及链接的添加方法；二是幻灯片的设计，各种动画效果的添加；三是配色方案和放映方式的设置。本项目两个任务在内容设计和知识点的安排上采取的是由浅入深、循序渐进。

项目训练

使用"求职"模板制作如图 5-44 所示的幻灯片。

图 5-44 "求职"幻灯片

（1）毕业成绩表内容如图 5-45 所示。

（2）个人简历表格内容如图 5-46 所示。

	A	B
1		分数
2	网络	94
3	网页设计	82
4	PHOTOSHOP	84
5	政治	98
6	英语	90
7	高等数学	79

图 5-45 "成绩表"

个人简历

姓名	李
生日	1995年8月
专业	计算机软件
政治面貌	团员
爱好	唱歌、摄影
人生格言	路在自己脚下延伸
获得奖项	1. 校园十佳歌手 2. 校二等奖学金 3. 优秀学生干部

图 5-46 "个人简历"表格

（3）为幻灯片添加"求职"的视频文件，文件的封面使用"五线谱"图片。

项目考核

在线测试

在线测试（扫右侧二维码进行测试）。

项目六　用 InDesign 制作杂志页面

【项目描述】

Adobe InDesign 软件是一个定位于专业排版领域的设计软件，是面向公司专业出版方案的新平台，通常用于书籍出版领域，应用范围也可涉及版式编排的各种设计，具有强大的文本编辑与排版功能。利用它可以制作各种文档，如文件、信函、传真、报纸、海报、简历等。它性能灵活，文章块具有灵活的分栏功能。本项目就是利用 InDesign 软件制作一页杂志内页效果，通过对杂志的编辑排版了解如何利用 InDesign 进行排版。杂志页面设计效果如图 6-1 所示。

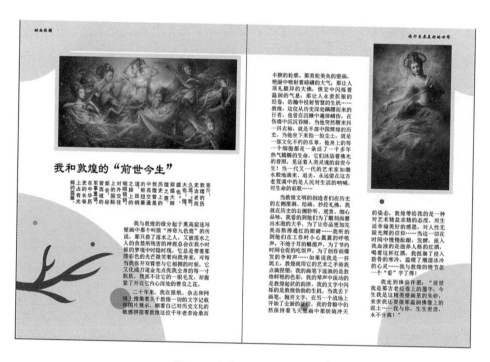

图 6-1　杂志页面设计效果

本项目读者需了解 InDesign 的基本使用方法，学会在 InDesign 中做基本的平面排版，比如，学会绘制简单的图形、串接文本框以及图片的设置等。

【学习目标】

◇　掌握 InDesign 的基本操作方法，如创建页面、设置文本框、插入图片等。

◇　掌握 InDesign 的绘图方法。

任务一　绘制页面背景

InDesign 可以用图片设置为页面背景，如图 6-2 所示。如果仅是一页的背景，则把图片放置到最底层即可，可锁定以防止误操作。也可以新建一个图层，把图片放新层上并把该图层放到最下方。InDesign 也可以为页面添加背景色。在页面上画一个与页面大小一样的矩形，在色板中选择背景色。绘制页面背景主要是使用钢笔工具，绘制自己喜欢的图案作为背景的一种排版效果。

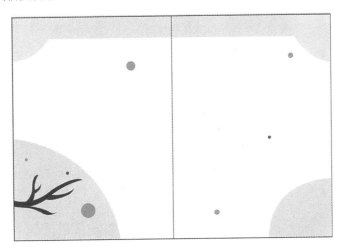

图 6-2　绘制杂志底纹效果图

任务提出

1. 创建对开文档

创建 210 毫米×285 毫米大小的页面两张，并将这两张页面设置为对开效果。

2. 使用工具绘图

用"钢笔工具"绘制扇形和树枝，使用"矩形工具"绘制矩形，使用"椭圆工具"绘制圆圈效果。

本任务完成的绘制页面背景最终效果如图 6-2 所示。

任务分析

1. 页面效果的设置

在 InDesign 中可以自由设置各种页面联排效果，比如，常见的对页、三联页等杂志、广告宣传页效果，用户可以根据需要自由设置。

2. 绘图工具的使用

InDesign 中的钢笔工具和铅笔工具，是两种常见的绘图工具，钢笔工具绘制出来的矢量图形称作路径，是 InDesign 中重要的绘图工具，使用钢笔工具可以绘制各种平滑曲线构成的图案。铅笔工具也可以编辑路径，可在任何形状中添加任意线条和形状，绘制随意的曲线等。

任务实施

1. 创建页面的对页效果

微　课

步骤 1　启动 InDesign 软件，在"文件"下拉菜单中选择"新建"选项，子菜单中选择"文档"选项，在页数栏中输入 2，在宽度栏和高度栏中分别输入"210 毫米"和"285 毫米"，如图 6-3 所示。

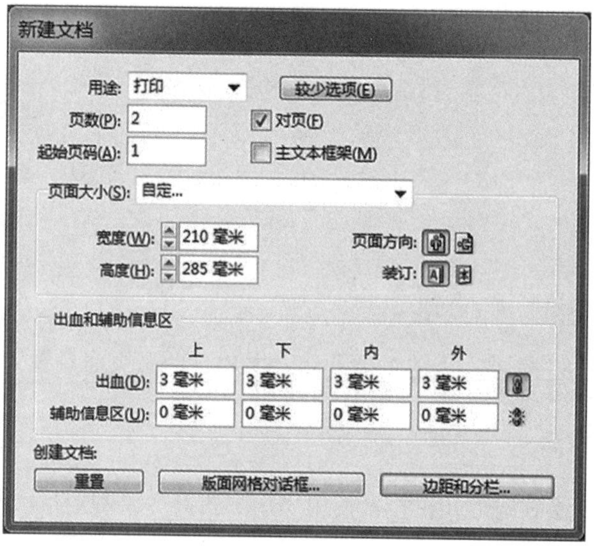

图 6-3　"新建文档"对话框

步骤 2　单击"边距和分栏"按钮，打开"新建边距和分栏"对话框，如图 6-4 所示，单击"确定"按钮。

步骤 3　单击"页面"面板右上角的下拉菜单，将"允许页面随机排布"前面的"√"取消，如图 6-5 所示，在"页面"面板中选择第二页的页面，将其拖动到第一页左侧，将两页面设置成对页效果，如图 6-6 所示。

图 6-4　"新建边距和分栏"对话框

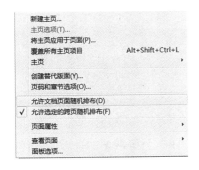

图 6-5　"页面"面板右上角的下拉菜单

图 6-6　文档对页效果

2. 底纹图案绘制

步骤 1　选择矩形工具，在页面的上方绘制矩形。

步骤 2　选择钢笔工具，在左侧页边的 A 点处点击鼠标，建立第一个锚点，在页面的 B 点处点击并拖动鼠标，产生手柄，绘制曲线。然后点击锚点，断开手柄，单击 C 点并绘制直线。最后单击 A 点将路径闭合。同样方法绘制其他扇形和树枝效果。

步骤 3　选择椭圆工具，按住 shift 键在页面上绘制圆圈，页面绘制好的效果如图 6-7 所示。

步骤 4　选择矩形，打开拾色器，设置颜色为 CMYK(9,10,17,0)，如图 6-8 所示。单击

"描边"选项右侧的按钮，下拉菜单中选择"无"。同样方法将左下角和右下角的扇形设置为该效果。同样方法，将左上角和右上角扇形颜色设为 CMYK(4,12,16,0)；树枝的颜色设为 CMYK(59,59,93,14)；小圆圈的颜色设为 CMYK(16,76,91,0)；大圆圈的颜色CMYK(12,39,52,0)。选择底纹图案，按【Ctrl+L】进行锁屏设置。

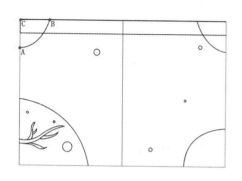

图 6-7　绘制好的图案效果

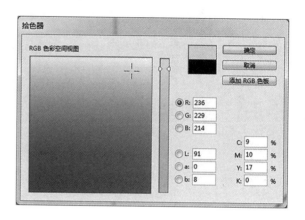

图 6-8　"拾色器"对话框

任务总结

（1）页面的设置。

本项目要求掌握使用 InDesign 软件制作杂志页面的方法，包括页面的设置、使用钢笔工具绘图、图片的插入与设置以及文本框的插入与设置方法。InDesign 是一个专业的排版软件，可以方便设置页面联排效果，如对页，三折页，四折页等常见的杂志、广告宣传以及海报等页面。

（2）钢笔工具的使用。

在 InDesign 中也可以使用各种形状工具和钢笔工具快速绘制需要的图案。绘制完成后可以使用转换方向点工具调整锚点和手柄。

同步训练

制作杂志页面，制作效果如图 6-9 所示。要求如下。

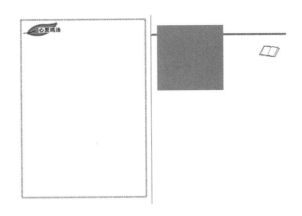

图 6-9 杂志页面效果图

（1）在 InDesign 中创建"对开"页面，宽度 210 毫米和高度 285 毫米。

（2）在左侧页面中用钢笔工具绘制"红色树叶"和线型为"垂直线"的矩形。

（3）在右侧页面中绘制深灰色、线型为"虚线效果"的直线，用钢笔工具绘制"打开的书"图案，绘制灰色矩形放置在页面左上角作为照片的背景。

（4）将页面保存为"文学杂志.indd"。

任务二 图文混排

在 InDesign 中，允许用户将文本绕排在任何对象的周围，这些对象可以是文本框、图文框，也可以是导入的对象或在文档中绘制的图形。当对一个对象应用文本绕排时，InDesign 会自动在对象的周围创建一个边界，以阻止文本进入边界内。

任务提出

1. 图片的设置

将"飞天 1"和"飞天 2"两张图片插入页面中，并将两张图片添加粉红色（CMYK(4,12,16,0)）边框。

2. 文本框的设置

绘制三个文本框，将文本框串接起来，将文字导入文本框中。设置文字的大小、行距以及段间距。

任务分析

1. 图片的效果

图片可以添加边框投影等多种效果，图片与文本框之间也有多种绕排效果，如沿定界框绕排、沿对象形状绕排、上下型绕排等。

2. 文本的添加与串接

在 InDesign 中文字都要放置在文本框中，文本框可以手动创建也可自动创建，文本框还可以相互串接，这可使文本在不同的文本框之间流动。文本中的文字可以根据需要设置各种间距效果。而且它的排列也多种多样，可以排列为横向、纵向或者各种路径效果。

任务实施

1. 图片的设置

步骤1　选择矩形工具，在左侧页面和右侧页面的上方绘制长方形。选择左侧矩形，在文件下拉菜单中选择"置入"或者按快捷键【Ctrl+D】，打开"置入"对话框，选择"飞天1"图片，单击"打开"按钮。

微 课

步骤2　在插入的图片上右击鼠标，快捷菜单中选择"按比例填充框架"，如图 6-10 所示。拖动鼠标，将图片放在指定位置。置入图片后，如果要调整图片大小，按 E 键，然后按【Shift】键成比例缩放。同样方式，将飞天2图片置入文档指定位置。

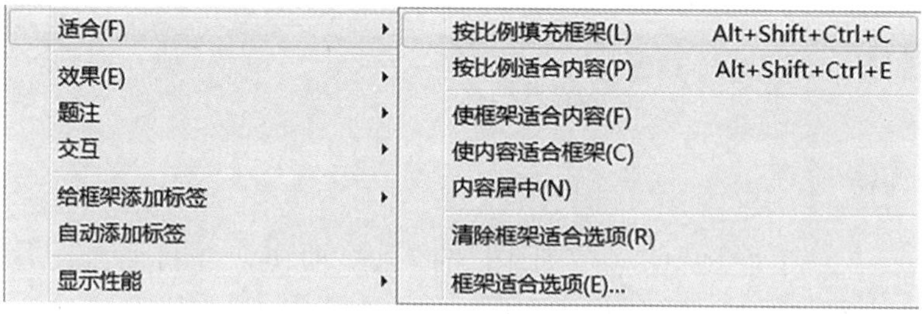

适合(F)	▶	按比例填充框架(L)	Alt+Shift+Ctrl+C
效果(E)	▶	按比例适合内容(P)	Alt+Shift+Ctrl+E
题注	▶	使框架适合内容(F)	
交互	▶	使内容适合框架(C)	
给框架添加标签	▶	内容居中(N)	
自动添加标签		清除框架适合选项(R)	
显示性能	▶	框架适合选项(E)...	

图 6-10　图片"适合"效果菜单

步骤3　选中图片，双击描边按钮，打开拾色器，颜色设为 CMYK(4,12,16,0)。宽度数值框中输入 10，如图 6-11 所示。同样方法将飞天2图片设置为该效果，如图 6-12 所示。

图 6-11　描边选项

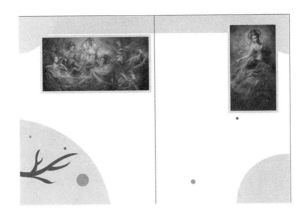

图 6-12　图片位置及效果图

2．文字添加

步骤 1　选择文字工具，在左侧页面的图片下方拖动文本框，在文本框中输入标题"我与敦煌的前世今生"，放大文字。选中文本框中的文字，按【Ctrl+A】键将文字全部选中，在文字类型下拉菜单中选择"隶书"，如图 6-13 所示。

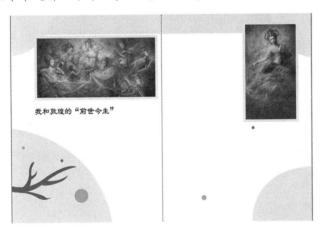

图 6-13　"标题"效果图

步骤 2　工具栏中选择"直排文字工具"，如图 6-14 所示，在标题文字下方绘制竖排文本框，在 Word 文档中复制文章第一段文字，将其粘贴进竖排文本框中，按【Ctrl+A】选择全部文字，在字体栏中选择黑体，字号为 13，在字体色板中选择蓝色（CMYK(100,90,10,0)），如图 6-15 所示。

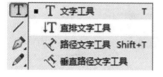

图 6-14　"钢笔工具"

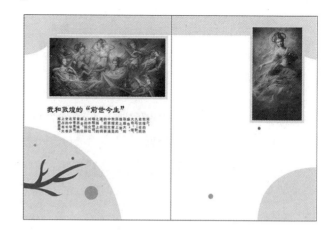

图 6-15　"直排文本框"效果图

步骤 3　在页面中绘制三个"水平文本框"，在菜单栏中单击"视图"选项，下拉菜单中选择"其他"选项，选择"显示文本串接"。

步骤 4　将三个文本框串接起来，如图 6-16 所示。将正文中所有文字导入 InDesign 中的文本框内，按 ctrl+A 键选择文本框中的全部文字，将字号设置为 14；在段落面板中设置首行左缩进为"2 毫米"，段前为"9 毫米"，如图 6-17 所示。完成后的页面效果如图 6-18 所示。

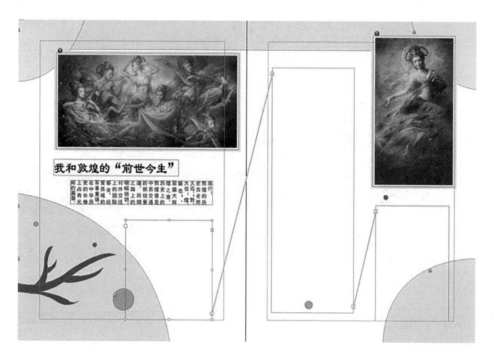

图 6-16　串接文本框效果

图 6-17　段落面板

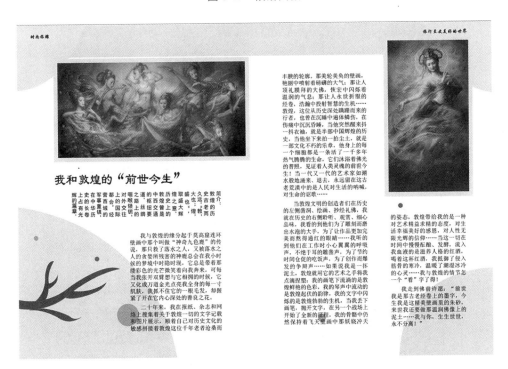

图 6-18　完成后的杂志页面效果

任务总结

（1）图片的设置。

在 InDesign 中图片放置的位置是随意的，可以放置在一个页面中也可以跨页放置。

（2）文字的添加。

在 InDesign 中文本框可以根据需要设置各种效果，但在导入文字前要进行文本框的串接设置。

（3）图文混排。

当进行图文混排时，可以执行"文本绕排"设置，如图 6-19 所示。InDesign 中有"沿定界框环排""沿对象形状环排""上下型环排""下型环排"效果，用户可以根据需要进行相关设置。

图 6-19 "文本环绕"面板

同步训练

制作杂志页面,制作效果如图 6-20 所示。要求如下。

图 6-20 杂志页面效果图

(1)打开在任务 1 中完成的"文学杂志"文档,在左侧页面中插入图片 1,并满屏放置。在页面右侧插入图片 2、图片 3 和图片 4,将其放置在页面的左上角,加白色边框。

(2)在左侧页面中插入垂直文本框,输入"人生就像一场旅行",将"人生"设置为红色,将"就像一场旅行"设置为白色。在右侧页面插入水平文本框,分别输入"BOOK""READING TIME",并放置在图中位置。

（3）在右侧页面下方插入两个"水平文本框"，将文本框串接起来，将文章的文字导入。

（4）保存文档。

项目总结

本项目要求完成使用 InDesign 软件制作杂志页面的方法，会使用钢笔工具进行简单的图案绘制，会使用文本框串接方法排列文字，会设置图片的各种效果。

项目训练

制作杂志页面，最终效果如图 6-21 所示。要求如下。

图 6-21　杂志页面

（1）绘制五个黄色矩形，将其放置在页面底部作为背景效果。绘制粉红色圆圈作为装饰效果。

（2）插入两个竖排文本框，输入文本"才女"和"李清照"。

（3）插入水平文本框，输入作者简介内容，并将文字设置为白色，添加红色矩形作为文字的背景。

（4）插入两个水平文本框，将两个文本框串接起来，并将文字导入。

（5）插入水平文本框，输入"阅读时刻"。

项目考核

在线测试

在线测试（扫右侧二维码进行测试）。

附录　全国计算机等级考试一级 MS Office 考试大纲（2018 年版）

基本要求

1. 具有微型计算机的基础知识（包括计算机病毒的防治常识）。

2. 了解微型计算机系统的组成和各部分的功能。

3. 了解操作系统的基本功能和作用，掌握 Windows 的基本操作和应用。

4. 了解文字处理的基本知识，熟练掌握文字处理 MS Word 的基本操作和应用，熟练掌握一种汉字（键盘）输入方法。

5. 了解电子表格软件的基本知识，掌握电子表格软件 Excel 的基本操作和应用。

6. 了解多媒体演示软件的基本知识，掌握演示文稿制作软件 PowerPoint 的基本操作和应用。

7. 了解计算机网络的基本概念和因特网（Internet）的初步知识，掌握 IE 浏览器软件和 Outlook Express 软件的基本操作和使用。

考试内容

一、计算机基础知识

1. 计算机的发展、类型及其应用领域。

2. 计算机中数据的表示、存储与处理。

3. 多媒体技术的概念与应用。

4. 计算机病毒的概念、特征、分类与防治。

5. 计算机网络的概念、组成和分类；计算机与网络信息安全的概念和防控。

6. 互联网网络服务的概念、原理和应用。

二、操作系统的功能和使用

1. 计算机软、硬件系统的组成及主要技术指标。

2. 操作系统的基本概念、功能、组成及分类。

3. Windows 操作系统的基本概念和常用术语，文件、文件夹、库等。

4. Windows 操作系统的基本操作和应用。

（1）桌面外观的设置，基本的网络配置。

（2）熟练掌握资源管理器的操作与应用。

（3）掌握文件、磁盘、显示属性的查看、设置等操作。

（4）中文输入法的安装、删除和选用。

（5）掌握检索文件、查询程序的方法。

（6）了解软、硬件的基本系统工具。

三、文字处理软件的功能和使用

1. Word 的基本概念，Word 的基本功能和运行环境，Word 的启动和退出。

2. 文档的创建、打开、输入、保存等基本操作。

3. 文本的选定、插入与删除、复制与移动、查找与替换等基本编辑技术；多窗口和多文档的编辑。

4. 字体格式设置、段落格式设置、文档页面设置、文档背景设置和文档分栏等基本排版技术。

5. 表格的创建、修改；表格的修饰；表格中数据的输入与编辑；数据的排序和计算。

6. 图形和图片的插入；图形的建立和编辑；文本框、艺术字的使用和编辑。

7. 文档的保护和打印。

四、电子表格软件的功能和使用

1. 电子表格的基本概念和基本功能，Excel 的基本功能、运行环境、启动和退出。

2. 工作簿和工作表的基本概念和基本操作，工作簿和工作表的建立、保存和退出；数据输入和编辑；工作表和单元格的选定、插入、删除、复制、移动；工作表的重命名和工作表窗口的拆分和冻结。

3．工作表的格式化，包括设置单元格格式、设置列宽和行高、设置条件格式、使用样式、自动套用模式和使用模板等。

4．单元格绝对地址和相对地址的概念，工作表中公式的输入和复制，常用函数的使用。

5．图表的建立、编辑和修改以及修饰。

6．数据清单的概念，数据清单的建立，数据清单内容的排序、筛选、分类汇总，数据合并，数据透视表的建立。

7．工作表的页面设置、打印预览和打印，工作表中链接的建立。

8．保护和隐藏工作簿和工作表。

五、PowerPoint 的功能和使用

1．中文 PowerPoint 的功能、运行环境、启动和退出。

2．演示文稿的创建、打开、关闭和保存。

3．演示文稿视图的使用，幻灯片基本操作（版式、插入、移动、复制和删除）。

4．幻灯片基本制作（文本、图片、艺术字、形状、表格等插入及其格式化）。

5．演示文稿主题选用与幻灯片背景设置。

6．演示文稿放映设计（动画设计、放映方式、切换效果）。

7．演示文稿的打包和打印。

六、互联网（Internet）初步知识和应用

1．了解计算机网络的基本概念和互联网的基础知识，主要包括网络硬件和软件，TCP/IP 协议的工作原理，以及网络应用中常见的概念，如域名、IP 地址、DNS 服务等。

2．能够熟练掌握浏览器、电子邮件的使用和操作。

考试方式

1．采用无纸化考试，上机操作。考试时间为 90 分钟。

2．软件环境：Windows 7 操作系统，Microsoft Office 2010 办公软件。

3．题型及分值（满分 100 分）。

（1）单项选择题（计算机基础知识和网络的基本知识）20 分。

（2）Windows 操作系统的使用 10 分。

（3）Word 操作 25 分。

（4）Excel 操作 20 分。

（5）PowerPoint 操作 15 分。

（6）浏览器（IE）的简单使用和电子邮件收发 10 分。

参考文献

[1] 邵士媛，吴琳. 计算机应用基础项目教程 [M]. 北京：清华大学出版社，2014.

[2] 吴银芳，江霖，蒋燕翔. 计算机应用基础任务式教程（微课版）[M]. 北京：航空工业出版社，2018.

[3] 廖金权. Office 2010 高效办公综合应用从入门到精通 [M]. 北京：科学出版社，2013.

[4] 琚松苗. 计算机应用基础教程 [M]. 合肥：中国科学技术大学出版社，2015.

[5] 韩绍强. InDesign/Office 印前排版综合教程 [M]. 北京：电子工业出版社，2016.